VR PANORAMIC MODEL
RENDERINGS OF THE INTERIOR

整屋 VR 全景模型效果图

创艺设计 编著

U0291487

江苏凤凰科学技术出版社
—— 南京 ——

图书在版编目（CIP）数据

整屋VR全景模型效果图 / 创艺设计编著. -- 南京：江苏凤凰科学技术出版社，2021.6 （2022.3重印）
ISBN 978-7-5713-1964-9

Ⅰ.①整… Ⅱ.①创… Ⅲ.①住宅–室内装饰设计–图集 Ⅳ.① TU241-64

中国版本图书馆CIP数据核字(2021)第102609号

整屋VR全景模型效果图

编　　著	创艺设计
项目策划	凤凰空间／杜玉华
责任编辑	赵　研　刘屹立
特约编辑	杜玉华
出版发行	江苏凤凰科学技术出版社
出版社地址	南京市湖南路1号A楼，邮编：210009
出版社网址	http://www.pspress.cn
总 经 销	天津凤凰空间文化传媒有限公司
总经销网址	http://www.ifengspace.cn
印　　刷	北京博海升彩色印刷有限公司
开　　本	889 mm×1 194 mm　1 / 16
印　　张	19
插　　页	4
字　　数	200 000
版　　次	2021年6月第1版
印　　次	2022年3月第3次印刷
标准书号	ISBN 978-7-5713-1964-9
定　　价	378.00元（精）

图书如有印装质量问题，可随时向销售部调换（电话：022-87893668）。

前言

FORWARD

本书中展示的是用酷家乐软件制作的 200 套室内设计效果图，其中有家装 185 套、工装 15 套，涵盖了目前室内设计中应用最多的新中式、现代简约、现代轻奢、北欧、简约欧式、欧式、美式、地中海 8 种风格。每套效果图里面各自都包含多个空间，有客厅、餐厅、卧室、书房、厨房、卫浴等，全部以 VR 全景的模式展现，各空间之间可以自由串联。

本书除复式户型外，每套效果图都配有两个二维码，扫描二维码可以看到整套案例（复式户型只有一个二维码）。扫描左侧或上方二维码，效果图出现后，点击右栏的“工具”栏，便可使用其中的多个工具选项，尤其是“尺寸线”，可以让您更清晰地看到户型中各个空间和家具的尺寸，非常具有参考性。扫描右侧或下方二维码，呈现的是自动播放的效果。

添加本书末页客服微信——凤凰书童，可下载本书全部模型文件。

创艺设计

使用指南

HOW TO USE

一、如何使用《整屋 VR 全景模型效果图》

1. 每个作品对应一个或两个二维码及一个编号，扫描二维码可看全景效果图。

2. 添加本书末页客服微信——凤凰书童，可下载本书全部模型文件。

3. 在电脑上安装酷家乐客户端，并注册账号。

4. 登陆酷家乐账号。

5. 根据书中效果图编号找到对应的链接文件，复制此链接并粘贴到 QQ 浏览器或谷歌浏览器后进行复制方案（如下图）。

方案制作链接

编号	链接
001	https://yun.kujiale.com/tool/h5/diy?designid=3FO46CLODPKB&em=0&redirecturl=https://www.kujiale.com/pcenter/design/3FO46CLODPKB/list
002	https://yun.kujiale.com/tool/h5/diy?designid=3FO46CLODPKB&em=0&redirecturl=https://www.kujiale.com/pcenter/design/3FO46CLODPKB/list
003	https://yun.kujiale.com/tool/h5/diy?designid=3FO46CLODPKB&em=0&redirecturl=https://www.kujiale.com/pcenter/design/3FO46CLODPKB/list
004	https://yun.kujiale.com/tool/h5/diy?designid=3FO46CLODPKB&em=0&redirecturl=https://www.kujiale.com/pcenter/design/3FO46CLODPKB/list
005	https://yun.kujiale.com/tool/h5/diy?designid=3FO46CLODPKB&em=0&redirecturl=https://www.kujiale.com/pcenter/design/3FO46CLODPKB/list
006	https://yun.kujiale.com/tool/h5/diy?designid=3FO46CLODPKB&em=0&redirecturl=https://www.kujiale.com/pcenter/design/3FO46CLODPKB/list
007	https://yun.kujiale.com/tool/h5/diy?designid=3FO46CLODPKB&em=0&redirecturl=https://www.kujiale.com/pcenter/design/3FO46CLODPKB/list
008	https://yun.kujiale.com/tool/h5/diy?designid=3FO46CLODPKB&em=0&redirecturl=https://www.kujiale.com/pcenter/design/3FO46CLODPKB/list
009	https://yun.kujiale.com/tool/h5/diy?designid=3FO46CLODPKB&em=0&redirecturl=https://www.kujiale.com/pcenter/design/3FO46CLODPKB/list
010	https://yun.kujiale.com/tool/h5/diy?designid=3FO46CLODPKB&em=0&redirecturl=https://www.kujiale.com/pcenter/design/3FO46CLODPKB/list
011	https://yun.kujiale.com/tool/h5/diy?designid=3FO46CLODPKB&em=0&redirecturl=https://www.kujiale.com/pcenter/design/3FO46CLODPKB/list
012	https://yun.kujiale.com/tool/h5/diy?designid=3FO46CLODPKB&em=0&redirecturl=https://www.kujiale.com/pcenter/design/3FO46CLODPKB/list
013	https://yun.kujiale.com/tool/h5/diy?designid=3FO46CLODPKB&em=0&redirecturl=https://www.kujiale.com/pcenter/design/3FO46CLODPKB/list
014	https://yun.kujiale.com/tool/h5/diy?designid=3FO46CLODPKB&em=0&redirecturl=https://www.kujiale.com/pcenter/design/3FO46CLODPKB/list

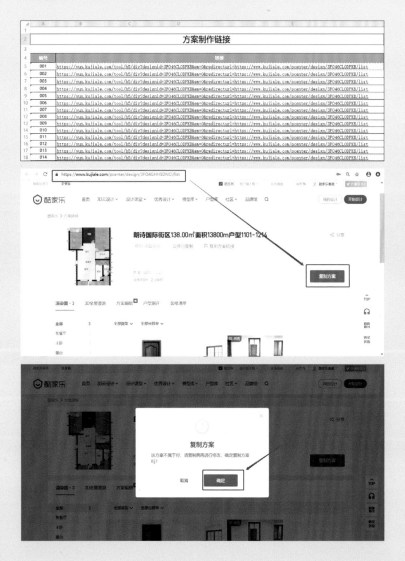

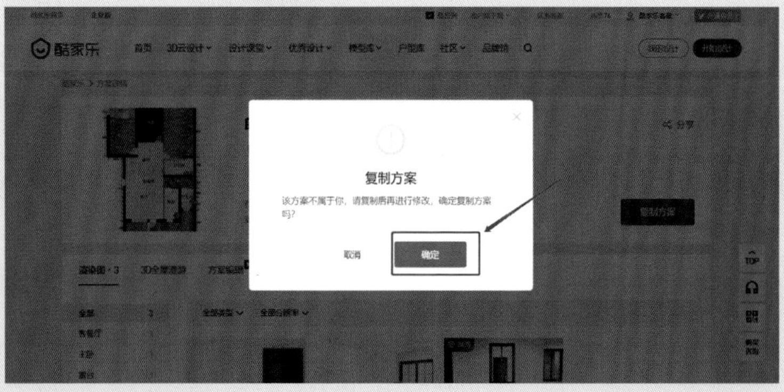

6. 使用方案中的模型和贴图或自行替换成酷家乐软件中的模型和贴图，可以制作自己的个性方案。

二、如何合成全景效果图

1. 进入方案后，选择顶部任务栏—渲染—选择系统自带灯光或自定义灯光设置，再选择“普通图”“全景图”“俯视图”进行渲染。

2. 渲染好全景图后，再选择“生成全屋漫游图”就可以了。

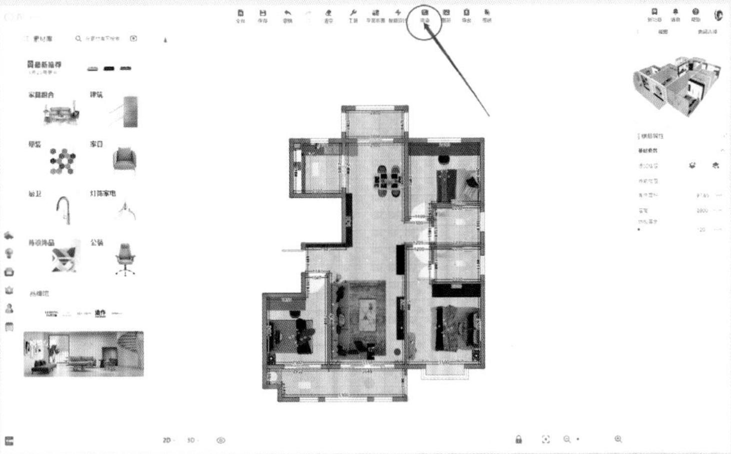

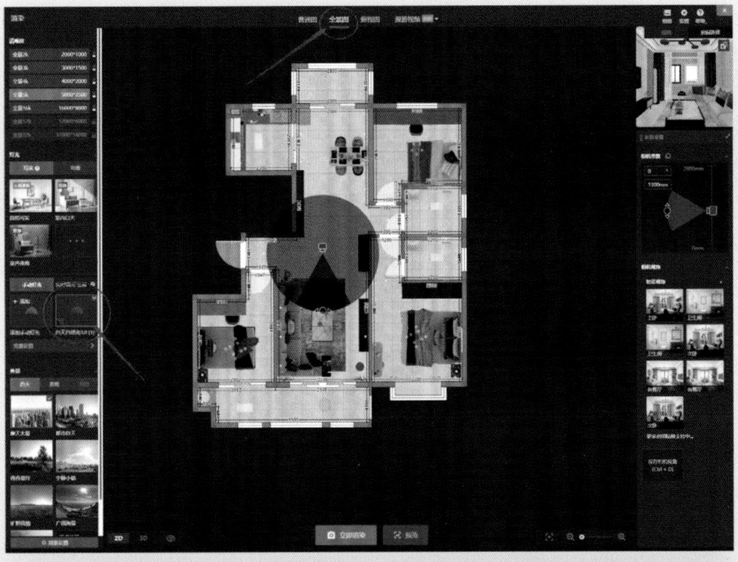

目录

CONTENTS

家装空间

新中式

简约欧式

现代简约

欧式

现代轻奢

美式

北欧

地中海

中式

现代

轻奢

美式

工业

工装空间

- 中式风格
- 现代风格
- 轻奢风格
- 美式风格
- 工业风格

家装空间

家装空间在室内设计中占很大的比重，国内的商品房买到手后，一般空间规划方面可调整的幅度并不大，但生活是自己的，我们还是可以通过装修来为自己的家注入个性的灵魂。

- ◐ 新中式风格
- ◐ 现代简约风格
- ◐ 现代轻奢风格
- ◐ 北欧风格
- ◐ 简约欧式风格
- ◐ 欧式风格
- ◐ 美式风格
- ◐ 地中海风格

001

001

扫码观看本案例更多空间

北
未命名
0.07㎡
卫生间
4.31㎡
主卧
16.6㎡
次卧
10.03㎡
书房
12.51㎡
次卧
13.35㎡
客厅
46.8㎡
阳台
5.98㎡
卫生间
6.51㎡

一层平面图（单位：mm）

北
厨房
9.02㎡
客厅
45.8㎡
餐厅
15.08㎡
女儿房
18.7㎡
走廊
14.12㎡
洞
3.28㎡
阳台
5.65㎡
卫生间
7.68㎡
衣帽间
3.63㎡

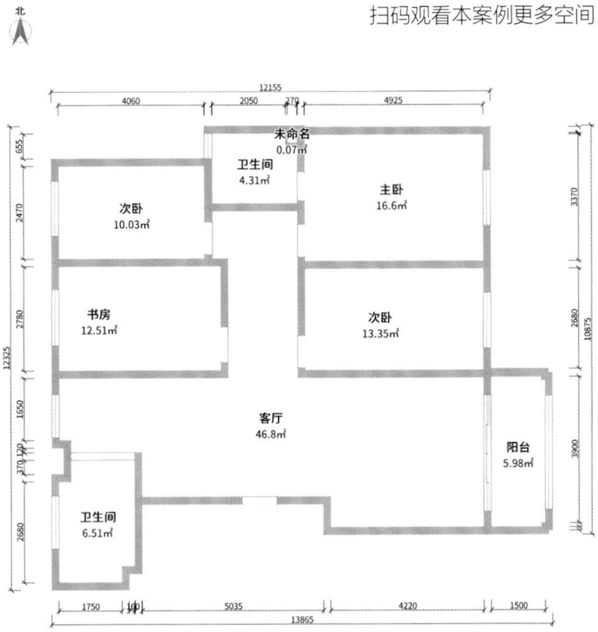

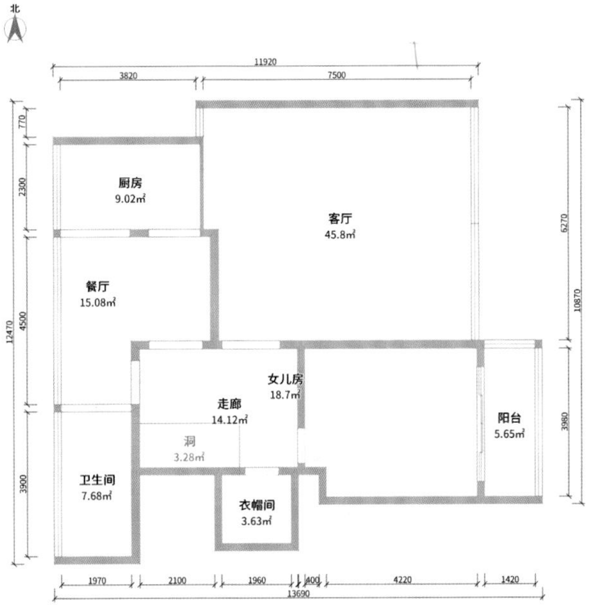

二层平面图（单位：mm）

海纳百川

002

002

扫码观看本案例更多空间

北
4635
3466
569
5757
1300
4898
4230
17185
乒乓球室
19.95㎡
卫生间
2.8㎡
多功能室
58.86㎡
露台（无顶）
17.91㎡
4239
4639
4235
8278
13113

负一层平面图（单位：mm）

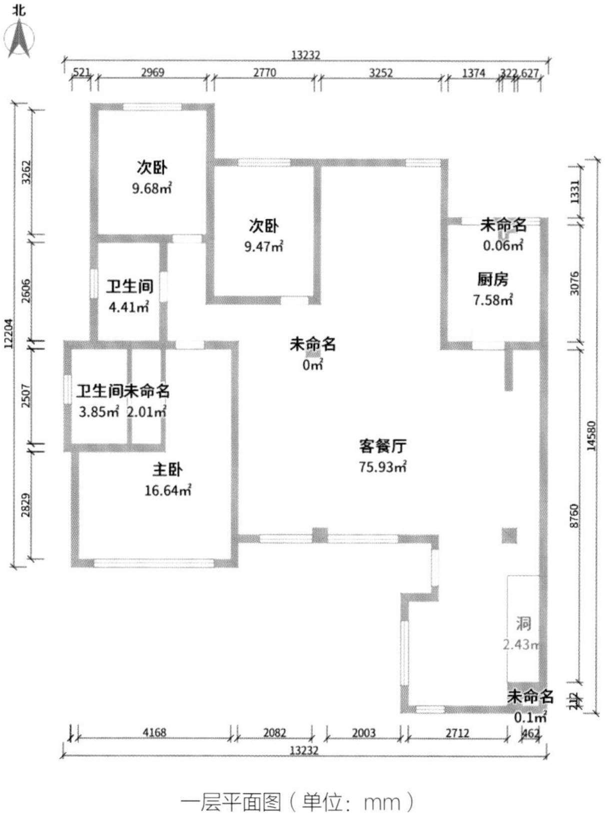
北
13232
521
2969
2770
3252
1374
322
627
3262
2606
2507
2829
12204
次卧
9.68㎡
次卧
9.47㎡
卫生间
4.41㎡
未命名
0.06㎡
厨房
7.58㎡
未命名
0㎡
卫生间
3.85㎡
未命名
2.01㎡
客餐厅
75.93㎡
主卧
16.64㎡
洞
2.43㎡
未命名
0.1㎡
1331
3076
14580
8760
4168
2082
2003
2712
462
13232

一层平面图（单位：mm）

003

003

扫码观看本案例
更多空间

北
书房
9.69㎡
卫生间
4.59㎡
卫生间
5.53㎡
主卧
19.24㎡
次卧
14.58㎡
客餐厅
60.36㎡
厨房
7.13㎡
未命名
0㎡

一层平面图（单位：mm）

衣帽间
6.81㎡
卫生间
5.75㎡
露台（无顶）
14.24㎡
次卧
10.75㎡
主卧
18.43㎡
客餐厅
37.08㎡
露台（无顶）
8.83㎡
未命名
0.03㎡
卫生间
9.57㎡
洞
3.34㎡

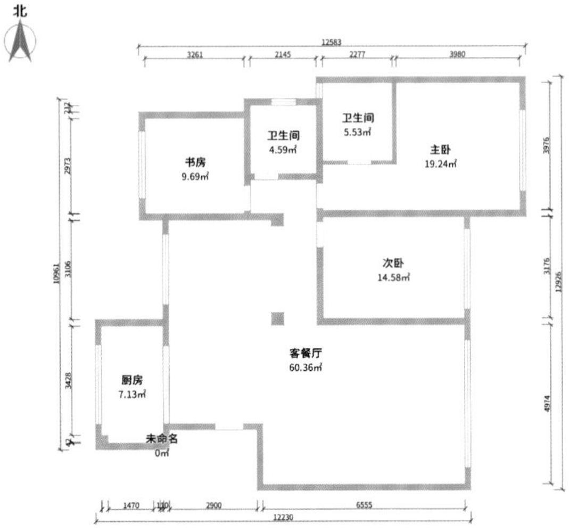

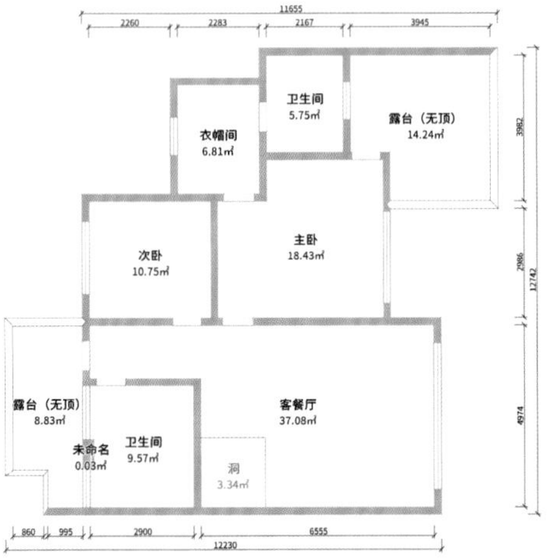

二层平面图（单位：mm）

SKYDANCE
PRODUCTIONS

004

北
2800
5480
1200
儿童房
8.12㎡
主卧
16.12㎡
阳台
4.2㎡
楼梯间
11.2㎡
客厅
19.04㎡
走廊
19.3㎡
卫生间
4.48㎡
餐厅
15.52㎡
厨房
8.12㎡
2800
2150
4410
10320
13200

一层平面图（单位：mm）

10320
2800
1800
4760
卫生间
3.6㎡
主卧
16.66㎡
衣帽间
8.12㎡
门厅
2.27㎡
楼梯间
11.2㎡
客厅
19.04㎡
走廊
16.6㎡
卫生间
4.48㎡
阅读区
15.52㎡
洗衣房
8.12㎡
2800
2150
4410
10320
13200

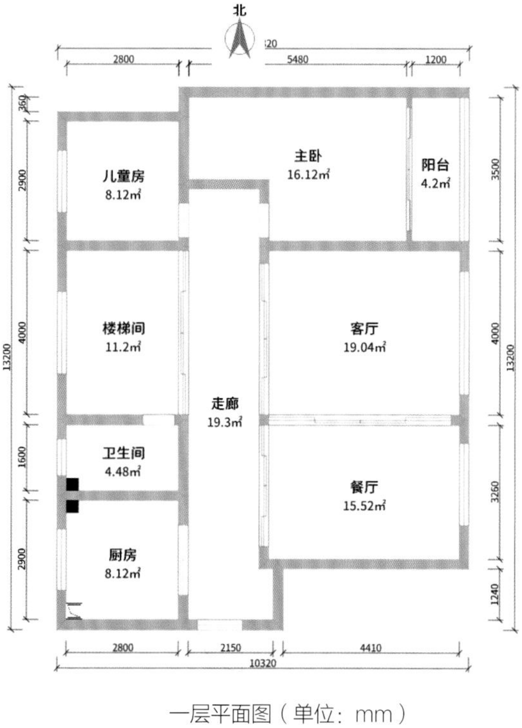

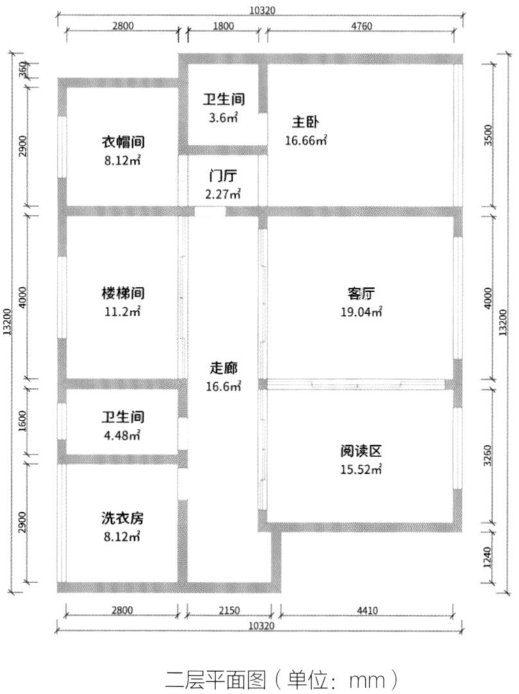

二层平面图（单位：mm）

004

扫码观看本案例
更多空间

005

北
16598
3200
4128
2190
2127
3753
卫生间
3.39㎡
露台（无顶）
11.35㎡
主卧
18.94㎡
卫生间
4.41㎡
次卧
10.73㎡
次卧
9.25㎡
洞
1.94㎡
客餐厅
50.34㎡
厨房
6.25㎡
8140
1614
1383
987
1921
3753
19198

一层平面图（单位：mm）

客餐厅
84.93㎡

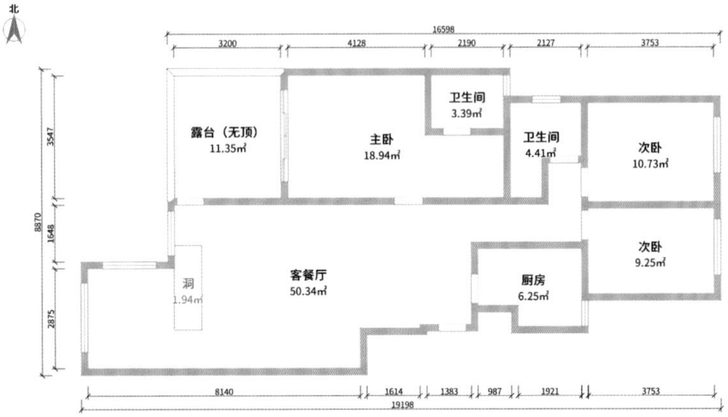

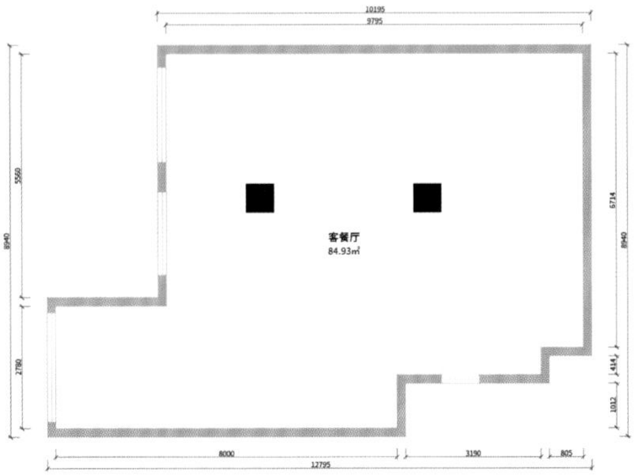

负一层平面图（单位：mm）

005

扫码观看本案例
更多空间

006

北
16235
4407
100
1885
4159
4484
未命名
0.02㎡
卫生间
4.28㎡
次卧
13.45㎡
主卧
15.25㎡
客餐厅
49.18㎡
厨房
6.31㎡
3000
1915
993
1390
1620
4350
14788

一层平面图（单位：mm）

11685
4407
1744
4143
未命名
0.02㎡
未命名
0.03㎡
卫生间
6.2㎡
露台（无顶）
23.39㎡
主卧
24.67㎡
未命名
0.01㎡
未命名
0.01㎡
多功能室
20.78㎡
洞
3.85㎡
4778
1620
6998

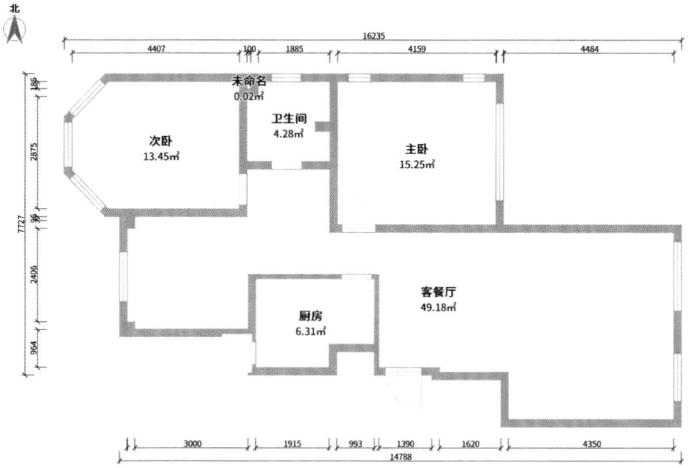

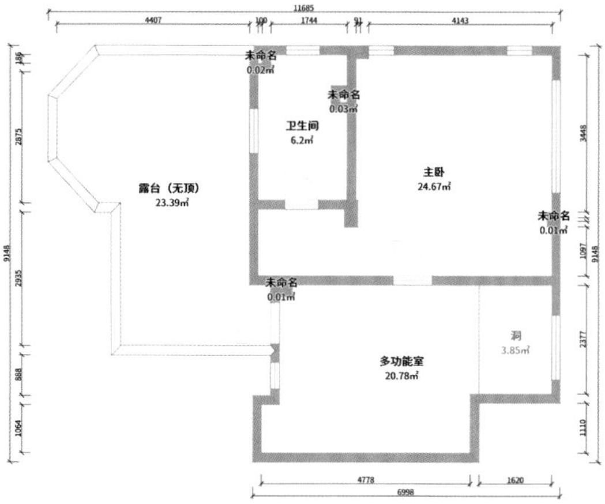

二层平面图（单位：mm）

006

扫码观看本案例
更多空间

007

扫码观看本案例更多空间

北
次卧
9.85㎡
卫生间
5.73㎡
卫生间
4.03㎡
主卧
13.43㎡
阳台
4.35㎡
客餐厅
63.27㎡
洞
4.8㎡
未命名
14780

一层平面图（单位：mm）

北
厨房
9.85㎡
卫生间
5.73㎡
衣帽间
4.03㎡
主卧
13.43㎡
阳台
4.3㎡
客餐厅
61.35㎡
洞
4.8㎡
未命名
14780
14347

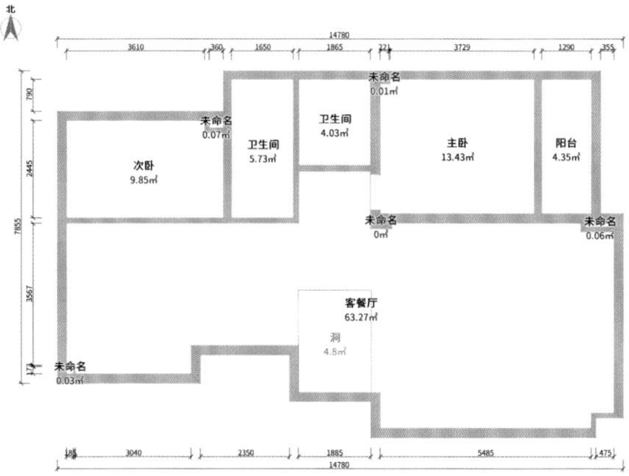

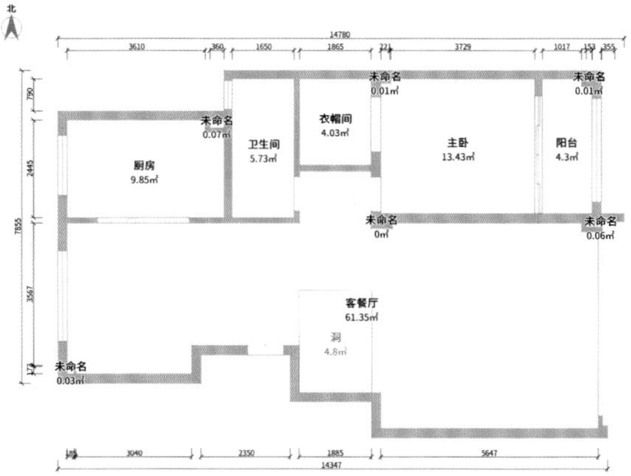

二层平面图（单位：mm）

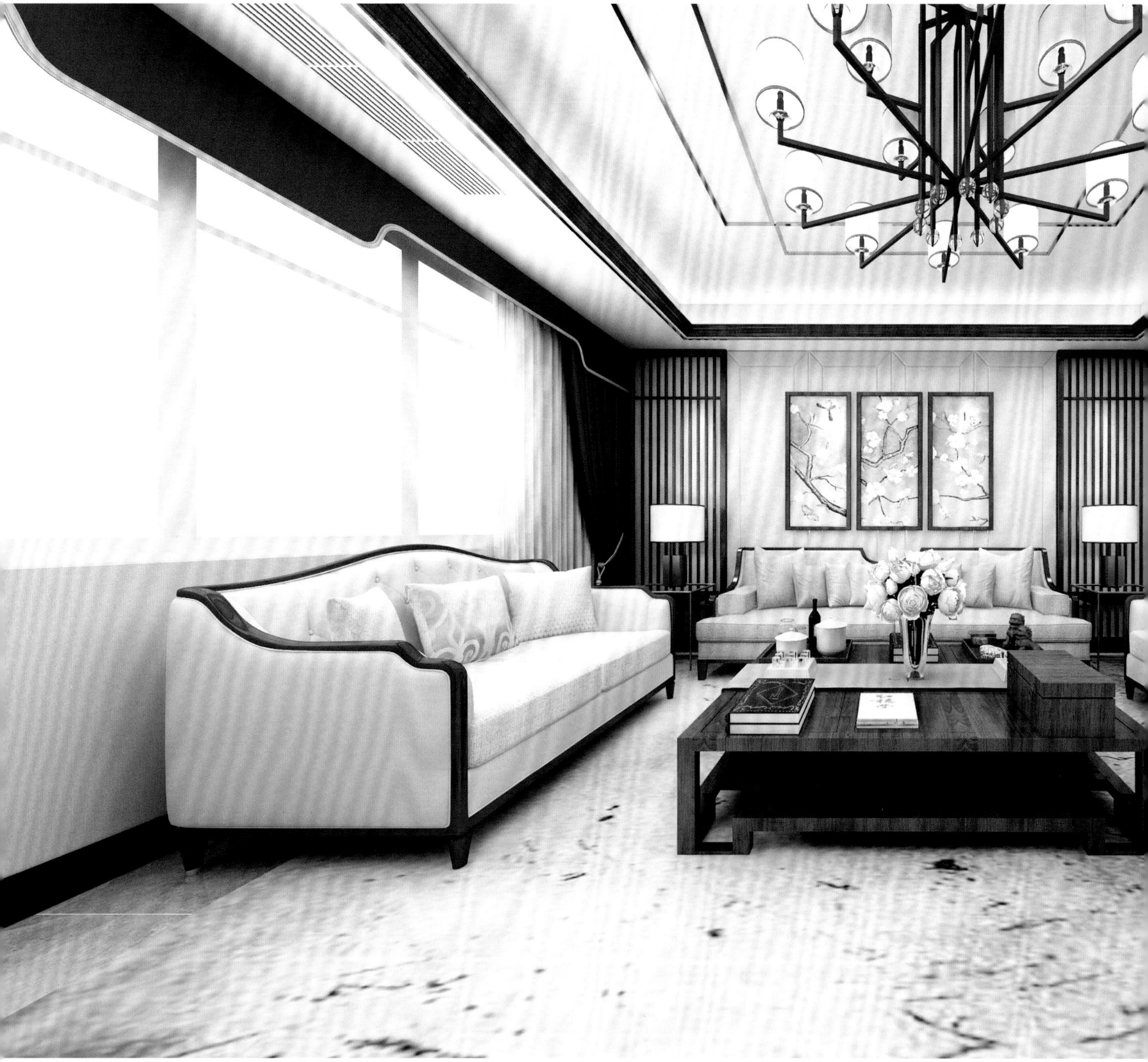

008

008

扫码观看本案例更多空间

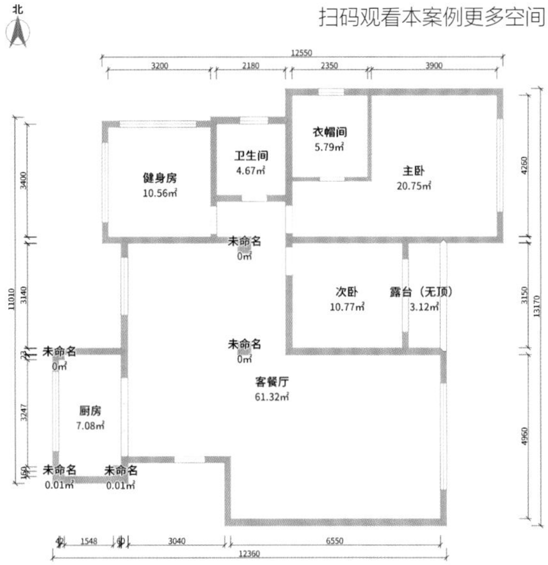
北
12550
3200
2180
2350
3900
衣帽间
5.79㎡
卫生间
4.67㎡
健身房
10.56㎡
主卧
20.75㎡
未命名
0㎡
次卧
10.77㎡
露台（无顶）
3.12㎡
未命名
0㎡
未命名
0㎡
客餐厅
61.32㎡
厨房
7.08㎡
未命名
0.01㎡
未命名
0.01㎡
1548
3040
6550
12360
3400
3140
11010
3247
4260
3150
13170
4960

一层平面图（单位：mm）

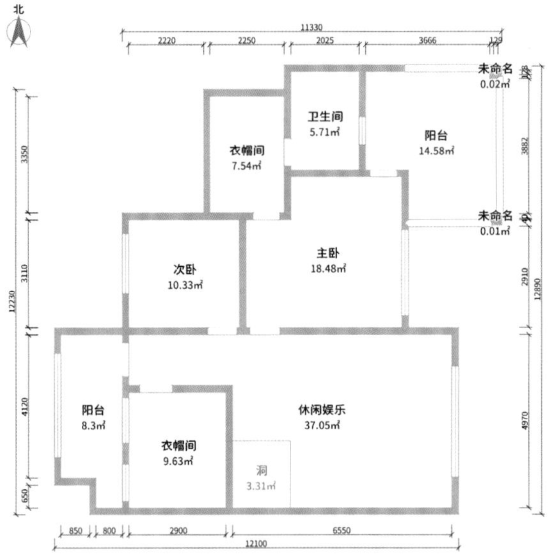
北
11330
2220
2250
2025
3666
未命名
0.02㎡
卫生间
5.71㎡
衣帽间
7.54㎡
阳台
14.58㎡
未命名
0.01㎡
主卧
18.48㎡
次卧
10.33㎡
阳台
8.3㎡
休闲娱乐
37.05㎡
衣帽间
9.63㎡
洞
3.31㎡
850
800
2900
6550
12100
3350
3110
12230
4120
650
3882
2910
12890
4970

二层平面图（单位：mm）

009

扫码观看本案例
更多空间

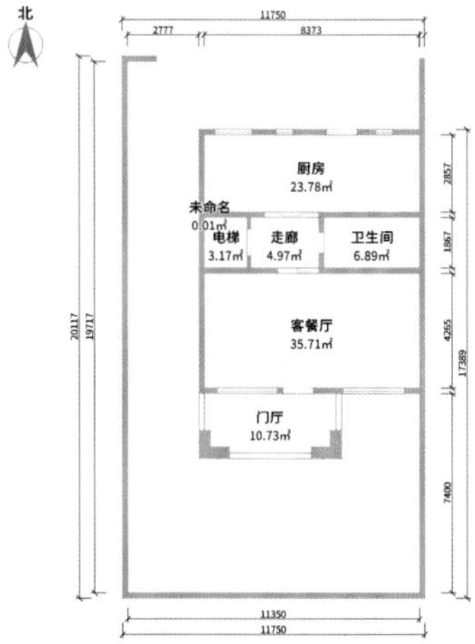

一层平面图（单位：mm）

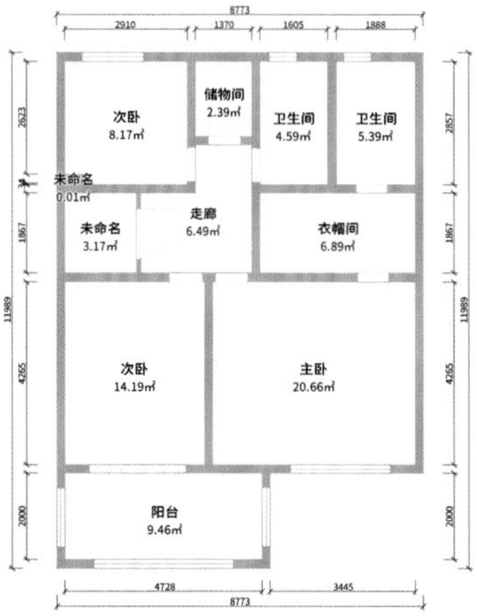

二层平面图（单位：mm）

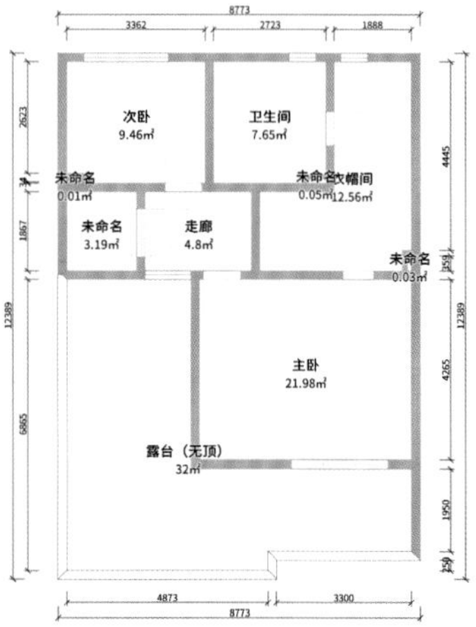

三层平面图（单位：mm）

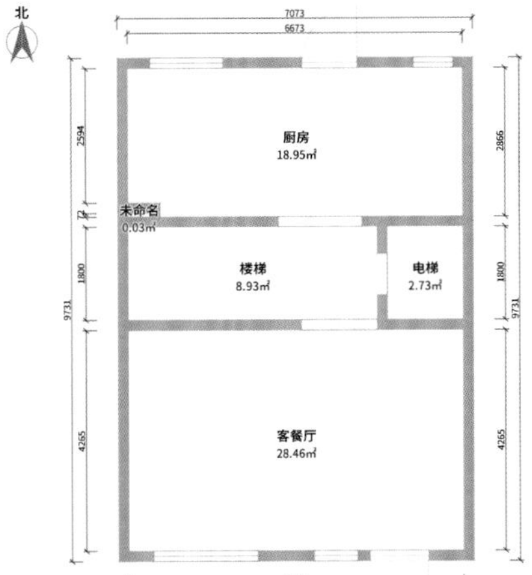

一层平面图（单位：mm）

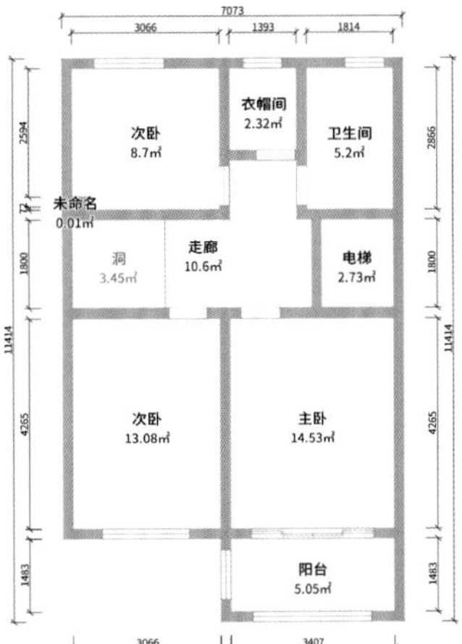

二层平面图（单位：mm）

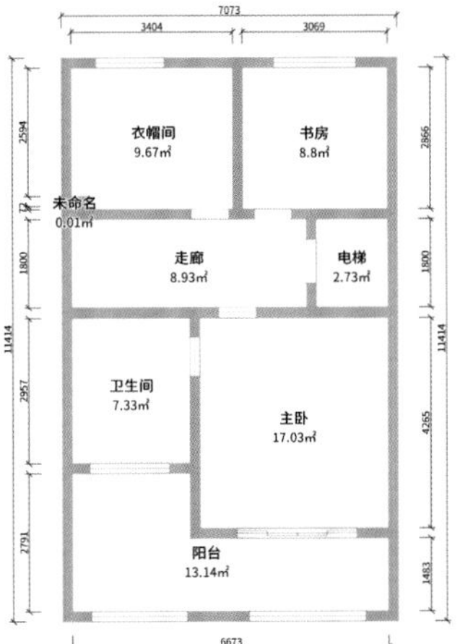

三层平面图（单位：mm）

010

扫码观看本案例
更多空间

011

011-a　011-b

扫码观看本案例更多空间

北

11008
1436
1561
5522
1489
卫生间
5.08㎡
主卧
17.96㎡
卫生间
3.6㎡
卫生间
1.73㎡
次卧
11.66㎡
未命名
0.03㎡
厨房
5.79㎡
阳台
10.63㎡
客餐厅
41.69㎡
次卧
13.81㎡
3252
1732
1855
3151
1993
1106
14489
3252
7138
14489
3299
2181
2153
4185
1489
11008

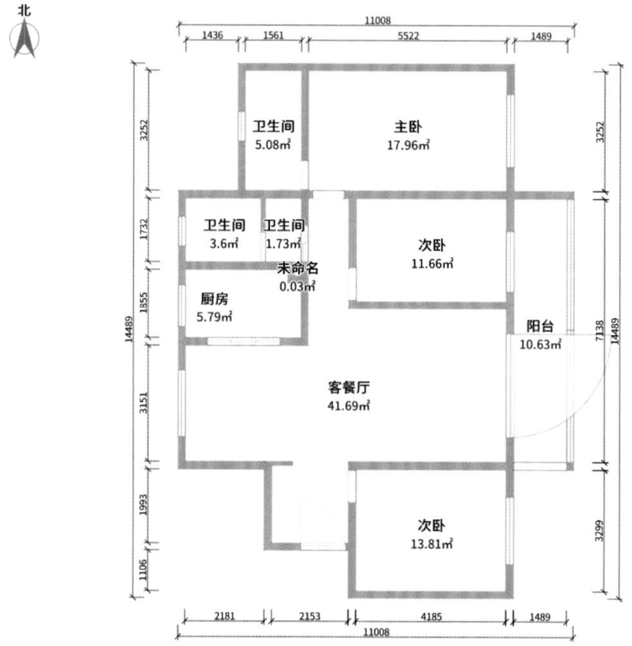

平面图（单位：mm）

012

北
11950
3561
1290
1641
226
3694
100
未命名
0.03㎡
未命名
0.03㎡
卧室
2.88㎡
卧室
17.26㎡
厨房
13.18㎡
卫生间
3.59㎡
未命名
0.1㎡
餐厅
13.32㎡
客厅
80.84㎡
未命名
0.01㎡
未命名
0.07㎡
未命名
0.01㎡
5170
450
5170
11950
4140
2389
13001
5100
2921
3158
13000
5100

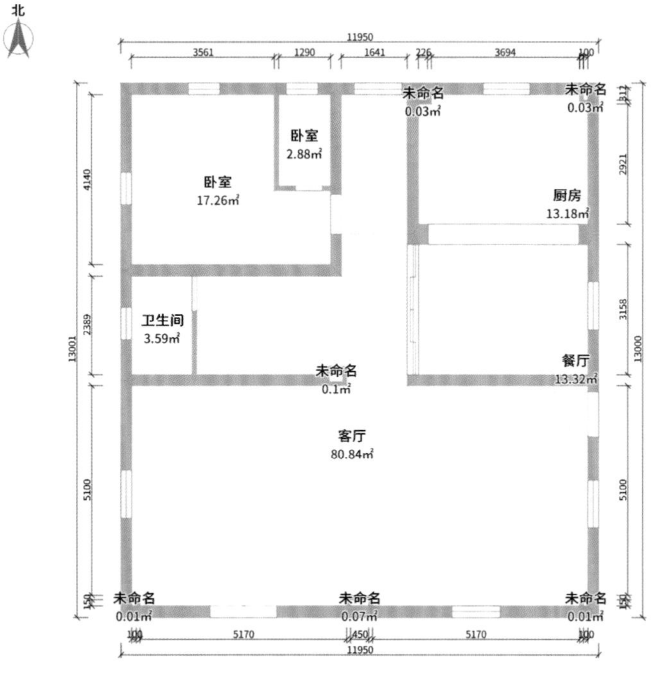

平面图（单位：mm）

012-a

012-b

扫码观看本案例更多空间

013

013-a
013-b

扫码观看本案例更多空间

北
11452
3147
1627
171
2466
2840
未命名
0.04㎡
厨房
4.8㎡
次卧
11.99㎡
卫生间
2.99㎡
卫生间
1.99㎡
次卧
10.42㎡
卫生间
4.96㎡
客餐厅
39.81㎡
主卧
18.07㎡
阳台
6.85㎡
229
3984
2729
4859
12701
401
3492
1725
4304
1679
12701
2564
680
426
3742
8411

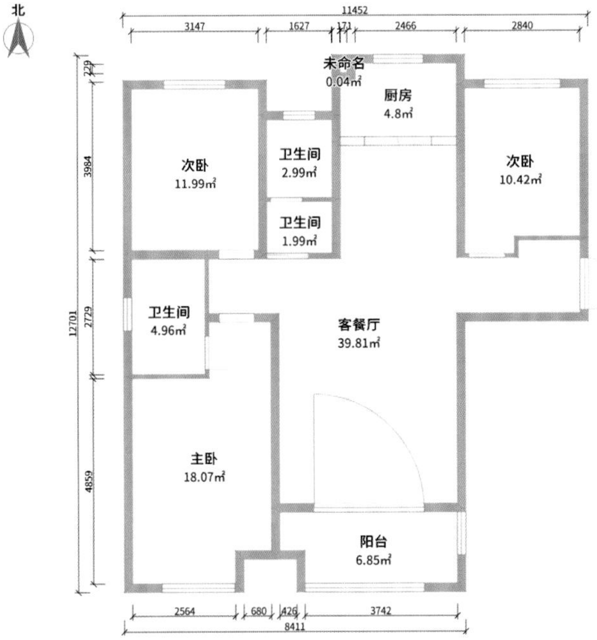

平面图（单位：mm）

014

014-a

014-b

扫码观看本案例更多空间

北
15112
375
4203
1678
3188
3703
585
694
3717
13060
4609
3141
938
3111
1624
11750
2878
1570
卫生间
3.2㎡
次卧
12.62㎡
次卧
11.91㎡
主卧
17.86㎡
卫生间
4.11㎡
阳台
6.76㎡
客餐厅
58.23㎡
次卧
12.7㎡
厨房
7.3㎡
1466
3703
598
1406
2051
3302
585
15112

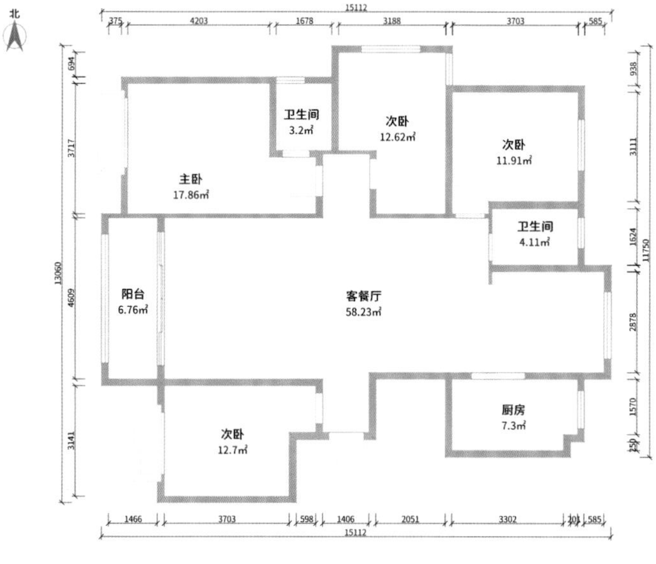

平面图（单位：mm）

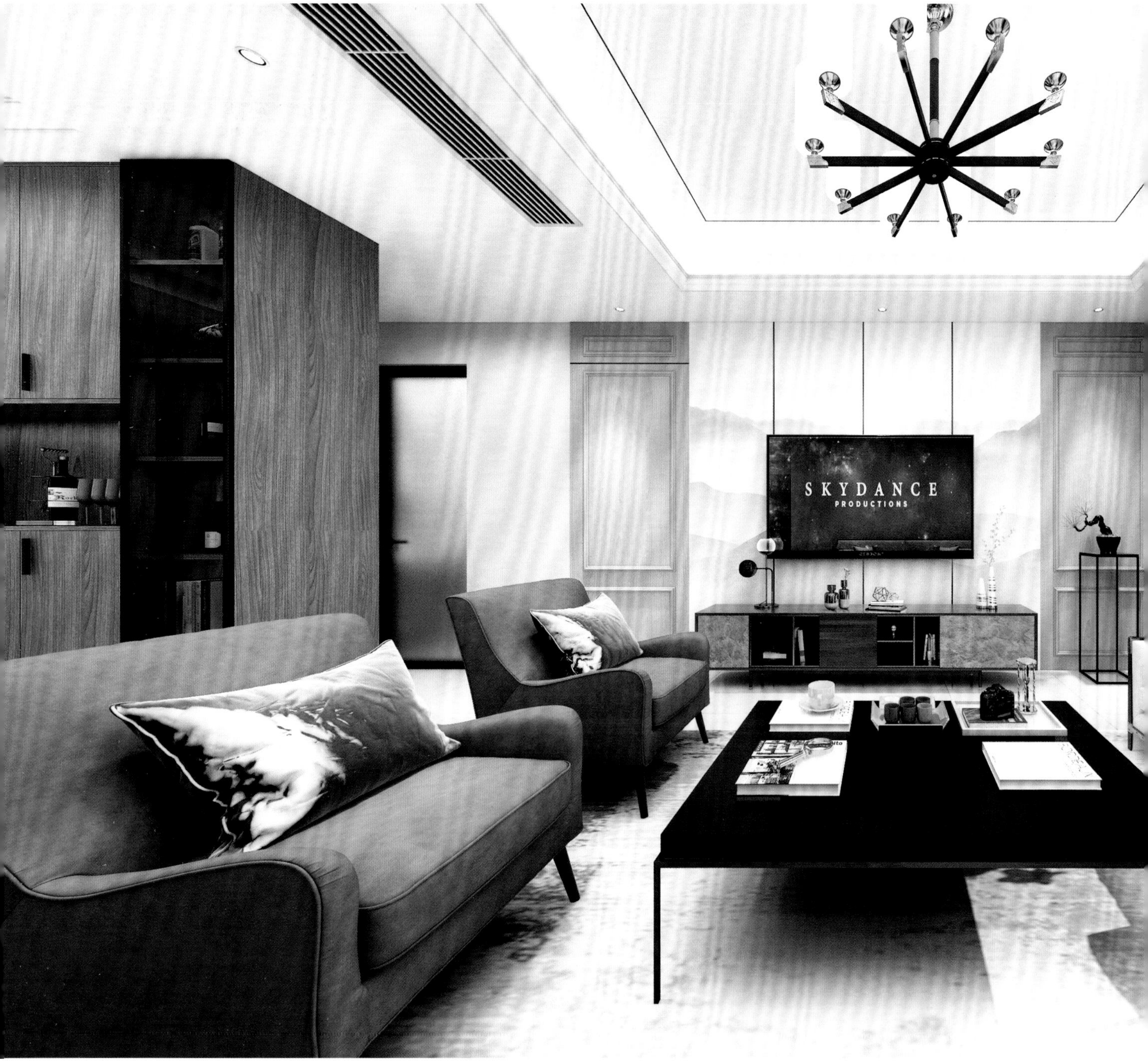
SKYDANCE
PRODUCTIONS

015

015-a

015-b

扫码观看本案例更多空间

北

11850
2750
1580
1860
3760
600
主卫
3.92㎡
主卧
16㎡
卫生间
3.13㎡
卧室
9.45㎡
厨房
5.05㎡
客餐厅
33.98㎡
阳台
5.7㎡
次卧
10.83㎡
580
3340
1760
3410
1400
11850
1050
3220
2700
3110
11320
520
1790
510
4070
2980
11320

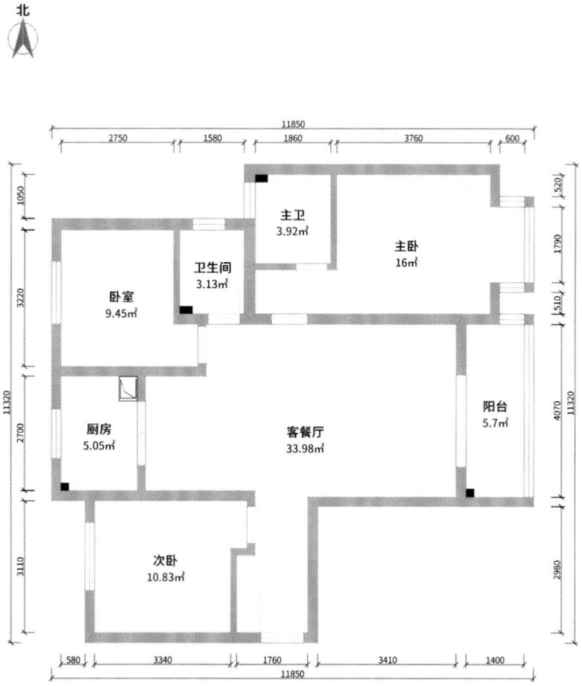

平面图（单位：mm）

SKYDANCE
PRODUCTIONS

016-a

016-b

扫码观看本案例更多空间

北
6675
1090
2880
1565
次卧
7.86㎡
厨房
8.01㎡
客餐厅
30.27㎡
卫生间
6.51㎡
主卧
12.88㎡
次卧
12.29㎡
阳台
3.18㎡
未命名
1.67㎡
2730
2720
1595
3125
4230
865
455
5121
4820
18005
3675
1475
425

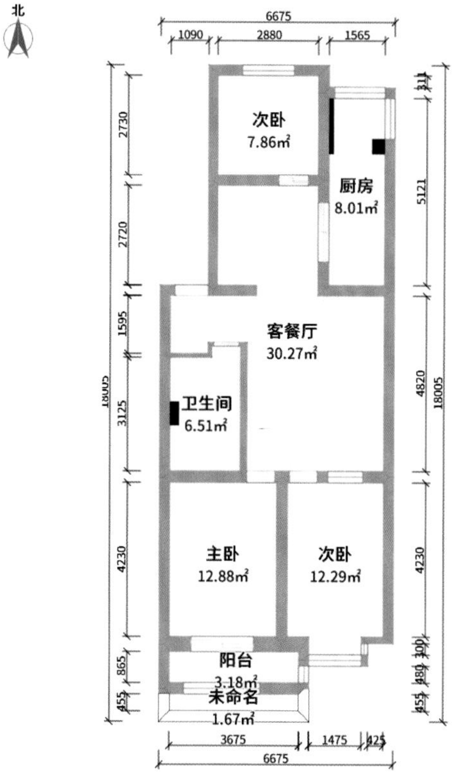

平面图（单位：mm）

017

017-a

017-b

扫码观看本案例更多空间

北
11660
375
4175
2260
3810
卫生间
4.64㎡
未命名
0.02㎡
卧室
17.88㎡
卧室
12.15㎡
干区
2.91㎡
卫生间
2.96㎡
未命名
0.02㎡
未命名
0.01㎡
阳台
6.93㎡
客餐厅
37.8㎡
厨房
0.22㎡
厨房
5.22㎡
未命名
0.18㎡
1630
9270
1414
440
13784

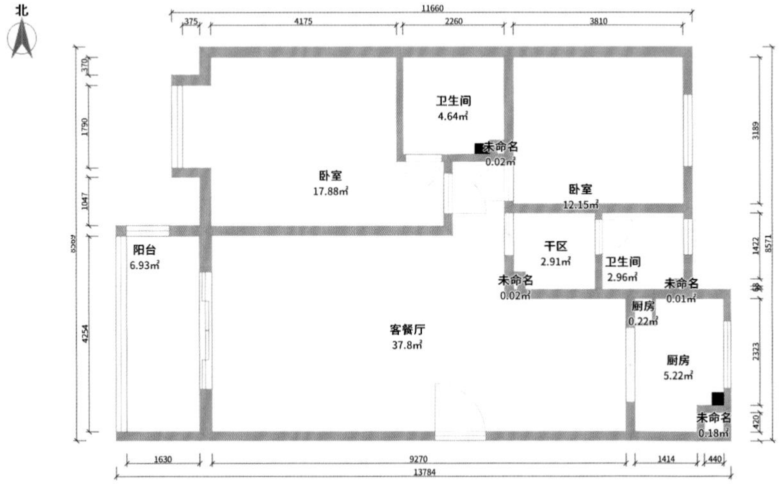

平面图（单位：mm）

SKYDANCE
PRODUCTIONS
018

北
次卧
9.93㎡
卫生间
5.35㎡
厨房
5.27㎡
阳台
1.93㎡
卫生间
3.23㎡
客餐厅
37.09㎡
次卧
10.67㎡
主卧
12.16㎡
阳台
3.1㎡
9860
2750
1485
2460
1890
2940
4100
2000
430
10630
11900
3610
2240
3710
670
11890
3520
4010
730
1020

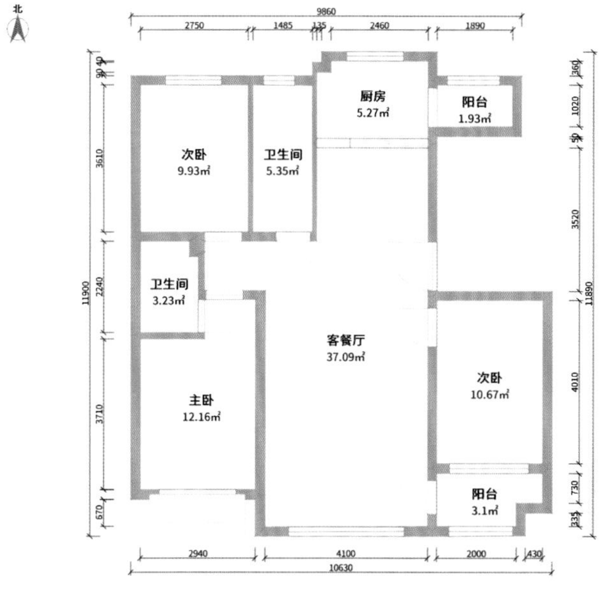

平面图（单位：mm）

018-a

018-b

扫码观看本案例更多空间

019

019-a

019-b

扫码观看本案例更多空间

北
衣帽间
4.5㎡
卫生间
4.46㎡
主卧
榻榻米
10.45㎡
卫生间
3.15㎡
次卧
客餐厅
62.68㎡
厨房
8.11㎡
阳台
4.7㎡
次卧
13.05㎡
10925
12309

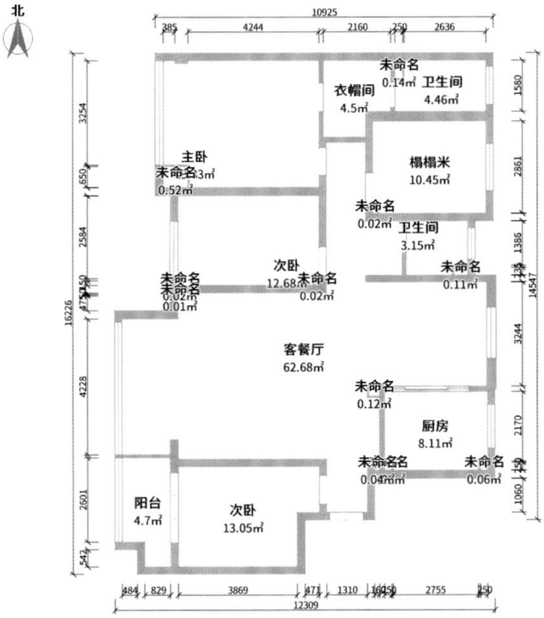

平面图（单位：mm）

SKYDANCE
PRODUCTIONS

020

020-a

020-b

扫码观看本案例更多空间

北
9760
330
3900
2530
1810
主卧
16.49㎡
主卫
4.67㎡
次卧
8.99㎡
儿童房
10.99㎡
卫生间
5.23㎡
阳台
11.89㎡
客餐厅
38.97㎡
厨房
4.76㎡
2550
570
11270
7340
1570
2800
1630
1635
1555
800
1620
7190
2910
12520

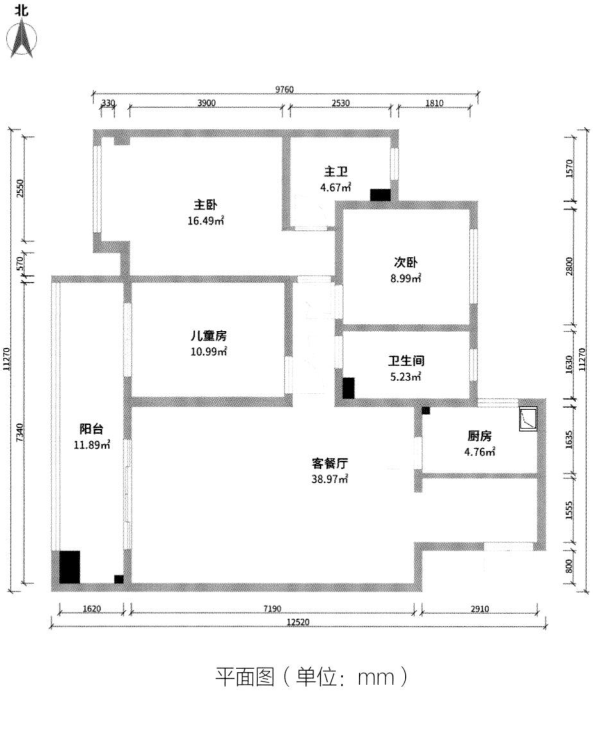

平面图（单位：mm）

021

021-a

021-b

扫码观看本案例更多空间

北
12637
3950
3425
1145
3117
阳台
9.24㎡
主卧
21.2㎡
次卧
14.58㎡
卫生间
3.19㎡
客餐厅
60.05㎡
卫生间
4.01㎡
洞
3.16㎡
次卧
9.59㎡
露台（无顶）
4.92㎡
厨房
5.96㎡
未命名
0.01㎡
3970
2200
2170
3250
690
13480
7900
15010
1850
2600
1310
800
2950
2962
3655
11367

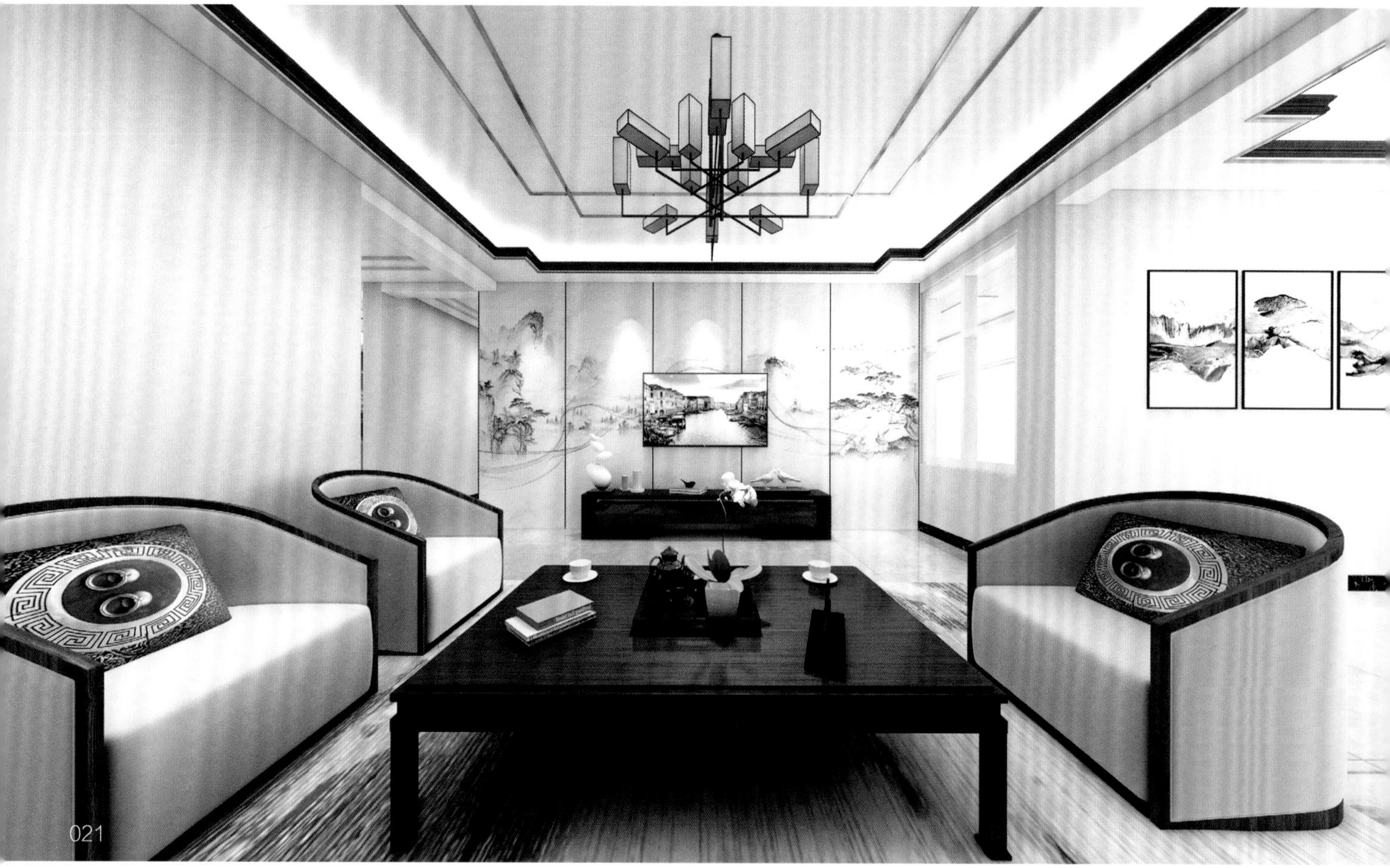

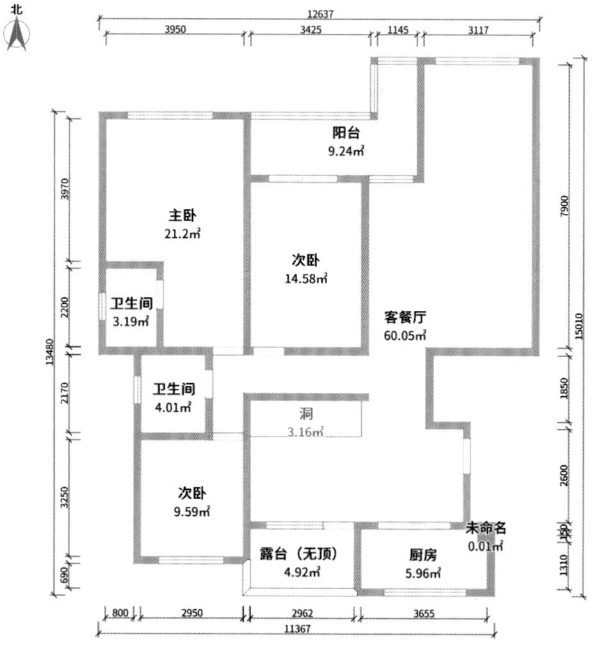

平面图（单位：mm）

北
14833
1167
1093
2500
1187
192
1289
4634
851
未命名
0.01㎡
未命名
3.31㎡
未命名
0.09㎡
卫生间
6.15㎡
厨房
8.57㎡
次卧
17.76㎡
客餐厅
62.54㎡
未命名
11.97㎡
阳台
2.3㎡
主卧
19.87㎡
阳台
4.36㎡
次卧
9.76㎡
未命名
3.26㎡
1319
2336
7166
2305
14357
2900
3671
2699
3778
14353
1670
663
4236
1747
4156
1111
15123

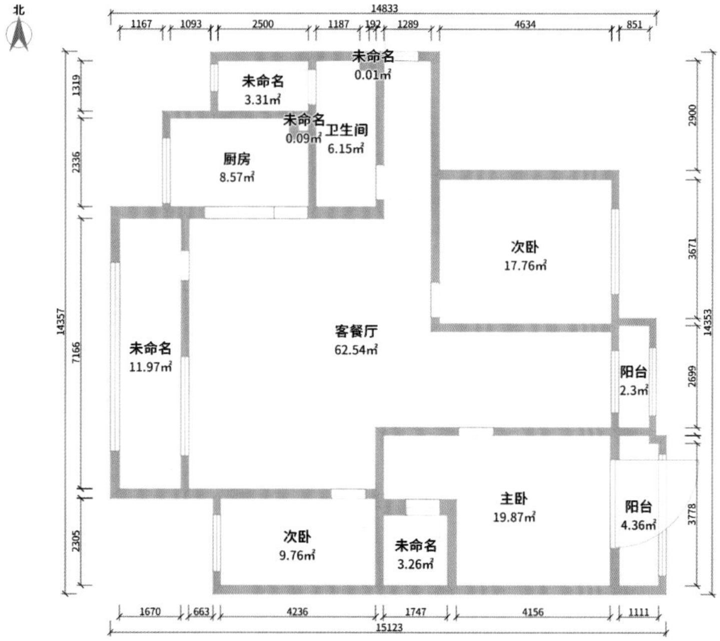

平面图（单位：mm）

022-a

022-b

扫码观看本案例更多空间

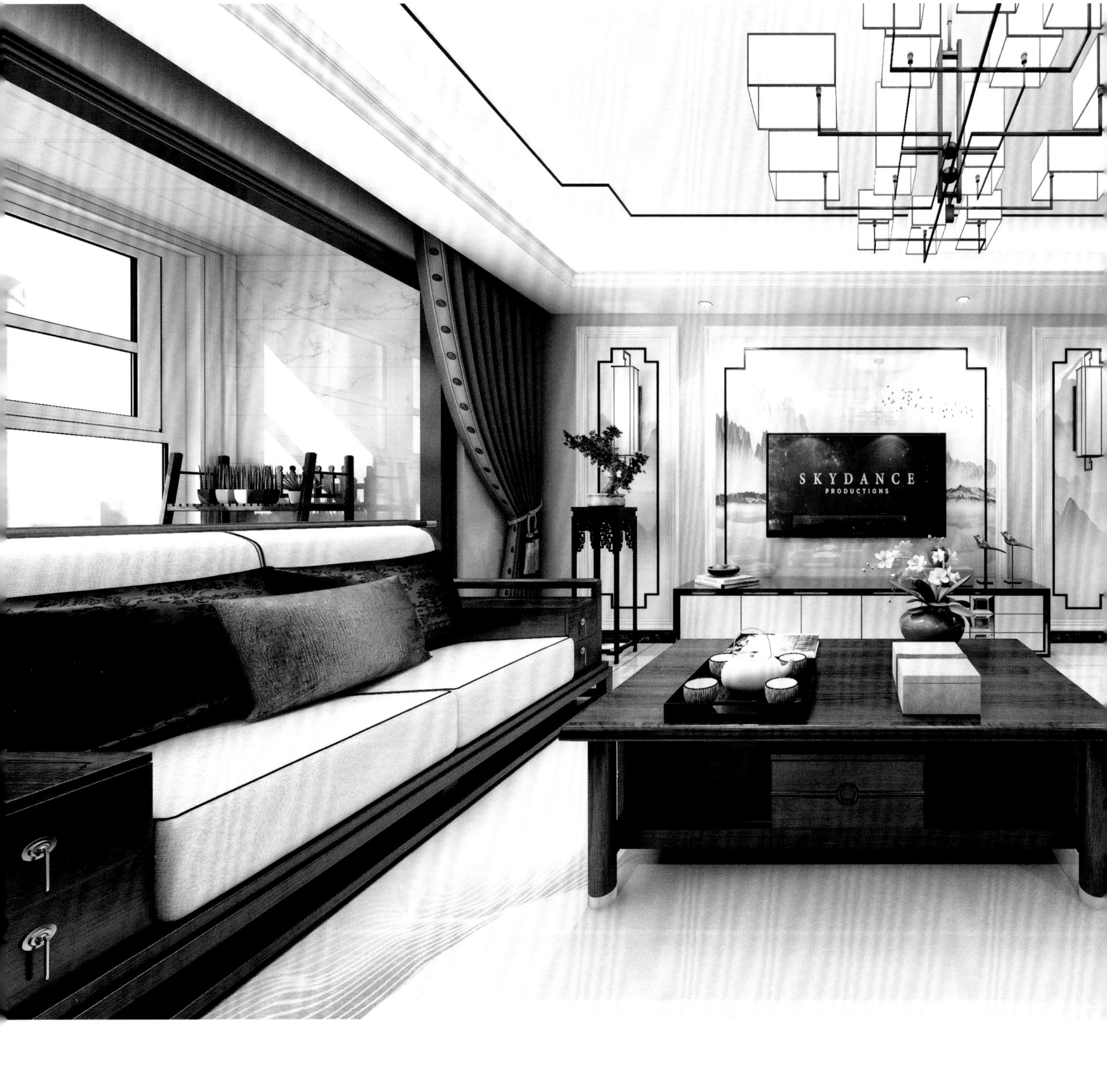
SKYDANCE
PRODUCTIONS

023

北
9660
3070
3609
221
1200
30
未命名
0.04㎡
厨房
6.68㎡
卫生间
4.26㎡
次卧
11.57㎡
卫生间
3.07㎡
步入式衣柜
1.79㎡
客餐厅
44.73㎡
主卧
14.78㎡
次卧
13.38㎡
阳台
7.51㎡
450
3770
1650
939
4301
1240
13840
2632
1270
1220
2130
3350
780
13840
3085
385
5550
560
10740

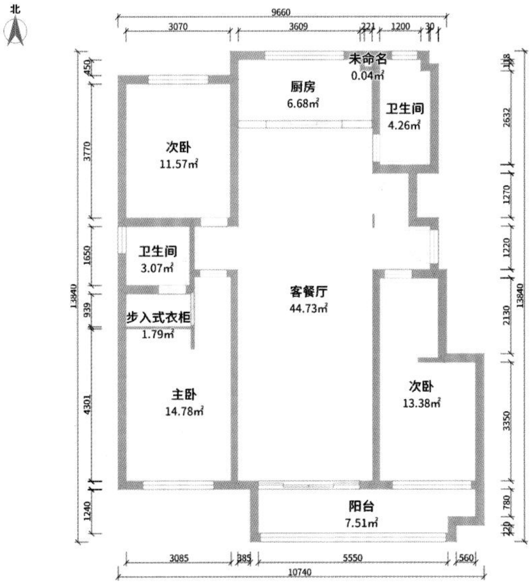

平面图（单位：mm）

023-a

023-b

扫码观看本案例更多空间

19
024

024-a

024-b

扫码观看本案例更多空间

北
11510
3360
2160
1590
3400
卫生间
4.1㎡
卫生间
3.02㎡
主卧
12.64㎡
次卧
10.18㎡
3030
3160
7410
厨房
4.29㎡
2386
阳台
4.67㎡
3650
未命名
0.04㎡
174
客餐厅
31.52㎡
次卧
8.87㎡
2640
3360
1240
4580
1280
11460

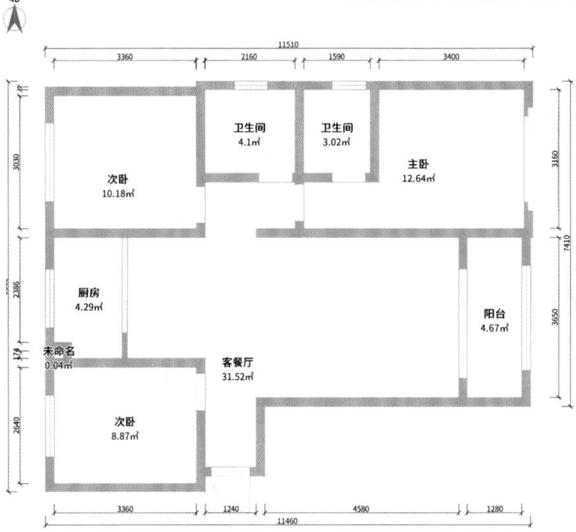

平面图（单位：mm）

025

北
11290
2760
3182
208
3360
450
未命名
0.03㎡
厨房
6.19㎡
次卧
10.05㎡
次卧
10.87㎡
卫生间
5.93㎡
走廊
3.19㎡
卫生间
5.41㎡
客餐厅
62.53㎡
主卧
15.45㎡
阳台
4.4㎡
3660
1230
1980
3360
1460
13130
3250
2150
1960
3970
13130
3012
4808
3560
250
12650

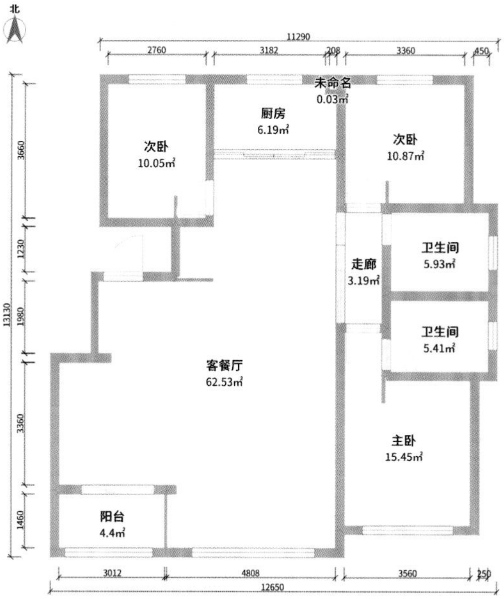

平面图（单位：mm）

025-a

025-b

扫码观看本案例更多空间

026

026-a　026-b

扫码观看本案例更多空间

北
10925
385
4244
2160
250
2636
未命名
0.14㎡
卫生间
4.46㎡
衣帽间
4.5㎡
主卧
榻榻米
10.45㎡
未命名
0.52㎡
未命名
0.02㎡
卫生间
3.15㎡
次卧
12.68㎡
未命名
0.02㎡
未命名
0.11㎡
0.01㎡
客餐厅
62.68㎡
未命名
0.12㎡
厨房
8.11㎡
0.04㎡
未命名
0.06㎡
阳台
4.7㎡
次卧
13.05㎡
484
829
3869
471
1310
2755
12309
16226
14547
3254
2584
4228
2601
1580
2861
1386
3244
2170
1060

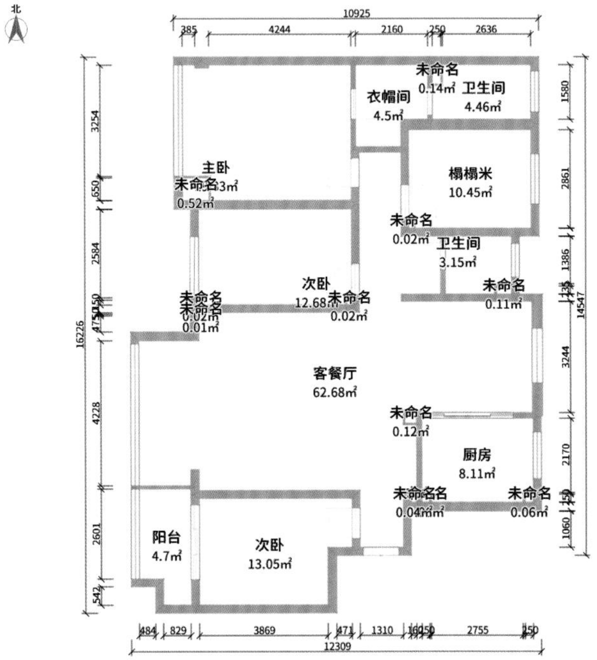

平面图（单位：mm）

027

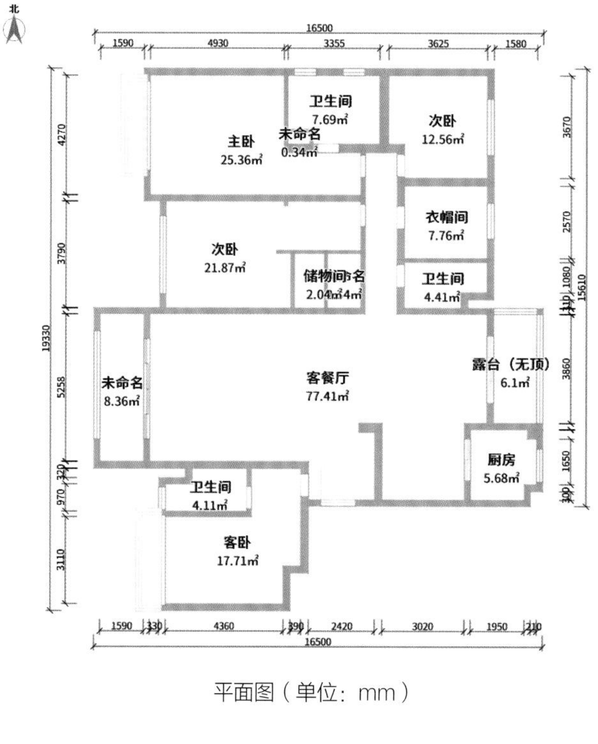

平面图（单位：mm）

027-a

027-b

扫码观看本案例更多空间

028

028-a

028-b

扫码观看本案例更多空间

北

12466
1240
428
3674
2247
3677
主卧
13.38㎡
卫生间
3.82㎡
次卧
10.95㎡
客餐厅
37.78㎡
次卧
10.2㎡
阳台
4.68㎡
卫生间
5.76㎡
未命名
0.02㎡
厨房
4.63㎡
储物间
3.17㎡
7644
3272
3772
2978
2775
1337
13845
2508
2502
1240
5293
1301
1265
413
1677
12589

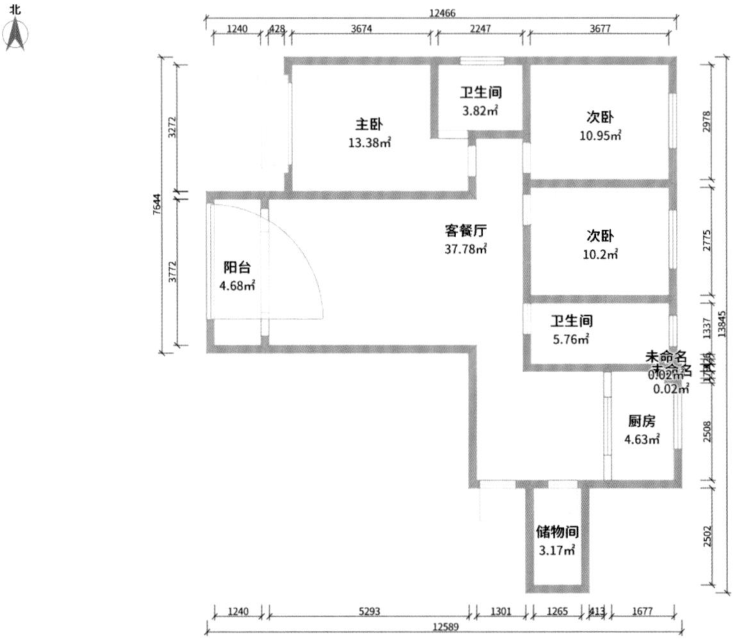

平面图（单位：mm）

029

北
12409
329
3380
2150
4000
1350
次卧
9.48㎡
卫生间
3.34㎡
主卧
15.12㎡
卫生间
3.73㎡
卫生间
1.82㎡
客餐厅
41.09㎡
阳台
5.61㎡
厨房
5.81㎡
次卧
14.7㎡
未命名
0.26㎡
2806
1700
2600
1750
470
510
11156
3400
4156
2800
11156
3320
2160
510
4760
1350
13220

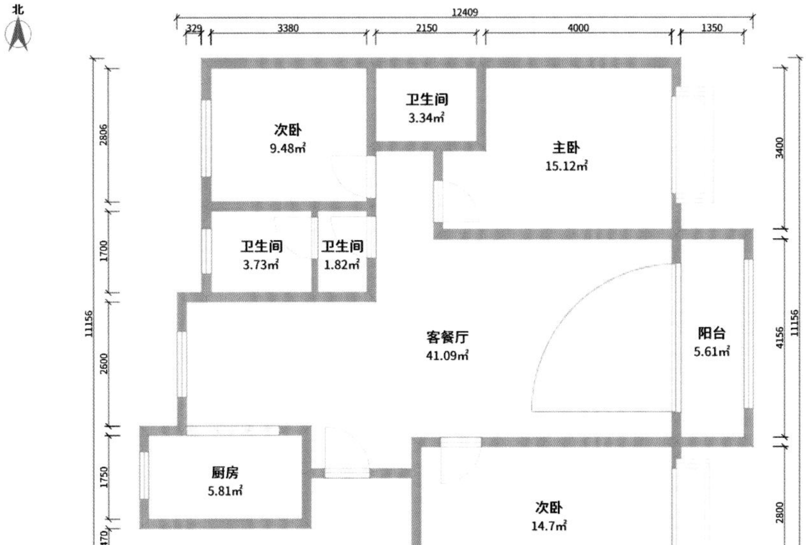

平面图（单位：mm）

029-a

029-b

扫码观看本案例更多空间

030

030-a

030-b

扫码观看本案例更多空间

北

15160
4741
6219
3400
主卧
18.34㎡
客餐厅
33.3㎡
次卧
10.3㎡
卫生间
4.77㎡
阳台
3.88㎡
次卧
13.96㎡
厨房
6.35㎡
未命名
0.05㎡
1165
3743
723
5143
2471
380
15375
9013
3868
3325
2800
2168
7817
1638

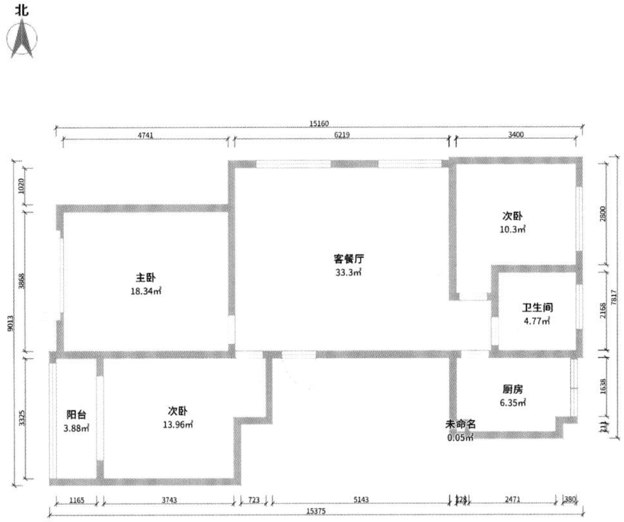

平面图（单位：mm）

SKYDANCE
PRODUCTIONS
COLLAPSE

031

031-a

031-b

扫码观看本案例更多空间

北
6720
3095
185
1632
728
1475
4064
242
1274
204
4260
1350
910
15560
1755
2525
1030
130
2040
5360
550
610
15880
餐厅
10.67㎡
次卧
12.58㎡
未命名
0.07㎡
未命名
0.06㎡
卫生间
3.34㎡
未命名
0.05㎡
客厅
33.76㎡
主卧
12.95㎡
阳台
4.1㎡
阳台
5.09㎡
3040
3460
330
7660

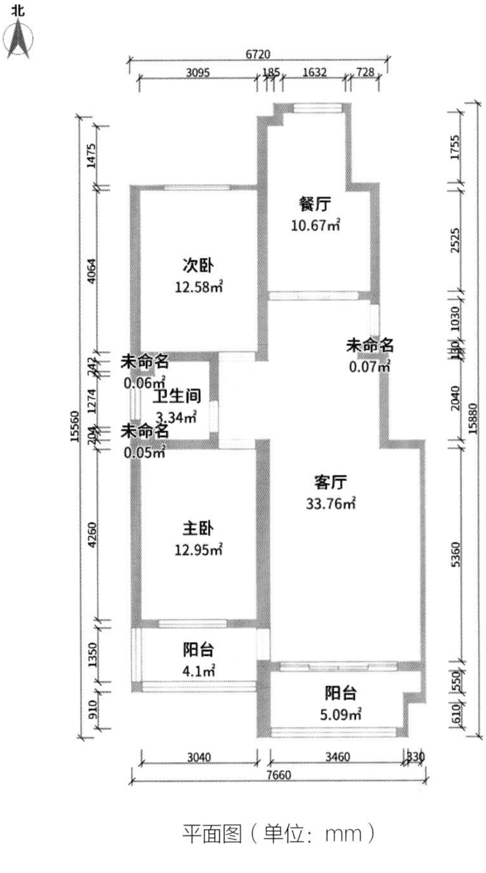

平面图（单位：mm）

032

032-a

032-b

扫码观看本案例更多空间

北

14697
1178
4186
1628
2489
3916
626
3735
4273
3206
12840
1214
2810
1590
2820
1846
11480
卫生间
4.29㎡
卫生间
6.56㎡
主卧
19.31㎡
次卧
10.6㎡
步入式衣柜
2.6㎡
卫生间
6㎡
阳台
5.5㎡
客厅
21.6㎡
玄关
4.24㎡
餐厅
18.07㎡
阳台
2.82㎡
厨房
6.96㎡
阳台
3.21㎡
次卧
14.1㎡
衣帽间
2.51㎡
1001
3769
1373
1449
1737
3768
14697

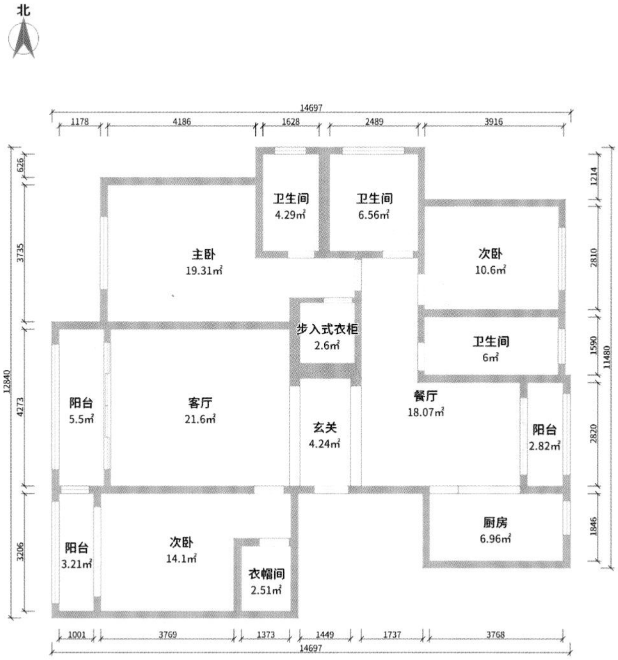

平面图（单位：mm）

SKYDANCE
PRODUCTIONS

033

033-a

033-b

扫码观看本案例更多空间

北
11871
3398
1661
1557
3737
316
3335
3315
139
2591
2881
10539
6625
次卧
11.33㎡
卫生间
2.45㎡
卫生间
3.55㎡
主卧
13.33㎡
未命名
0.01㎡
厨房
5.82㎡
客餐厅
36.76㎡
阳台
7.96㎡
次卧
9.94㎡
次卧
9.05㎡
3450
1713
1478
3780
1201
12822

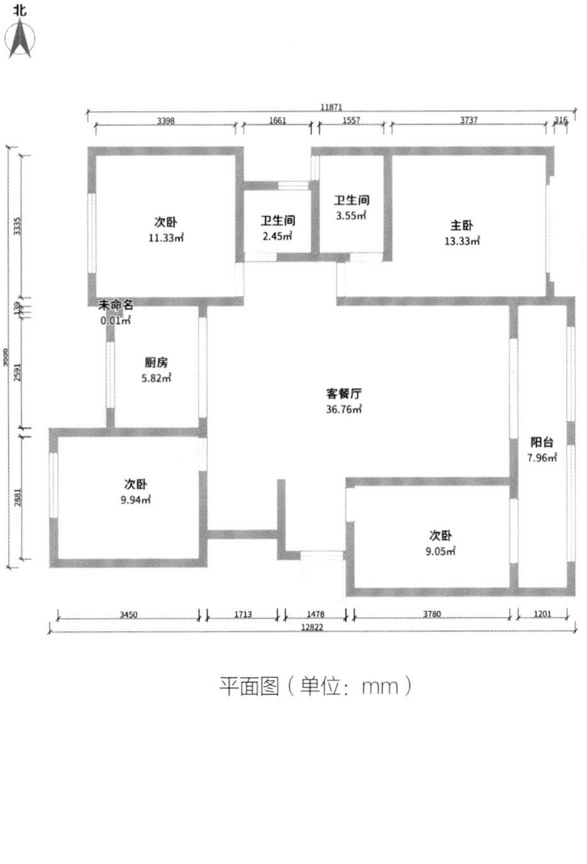

平面图（单位：mm）

034

034-a

034-b

扫码观看本案例更多空间

北
9220
2346
306
2772
2826
未命名
0.1㎡
厨房
4.68㎡
次卧
10.75㎡
次卧
10.07㎡
卫生间
3.28㎡
未命名
0.05㎡
卫生间
4.22㎡
客餐厅
41.5㎡
次卧
15.17㎡
主卧
16.97㎡
阳台
4.29㎡
1800
5442
13708
4246
1020
3372
2155
1798
13708
4060
863
3572
4203
3416
12151

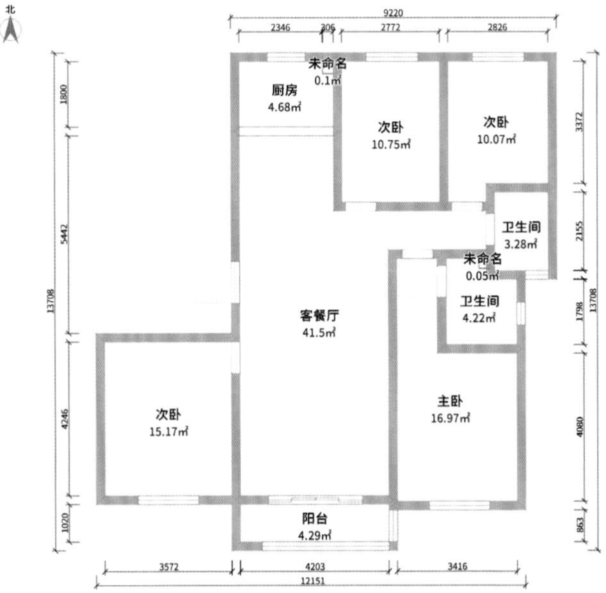

平面图（单位：mm）

SKYDANCE
035

北
12571
3970
2200
2140
3261
卫生间
3.48㎡
卫生间
3.97㎡
主卧
20.95㎡
次卧
9.69㎡
次卧
14.85㎡
次卧
10.75㎡
阳台
14.88㎡
客餐厅
46.05㎡
厨房
7.11㎡
未命名
0.01㎡
未命名
1.44㎡
2730
5240
1200
2950
1670
15210
790
3960
2970
5040
3180
12890
11600
3660
3090

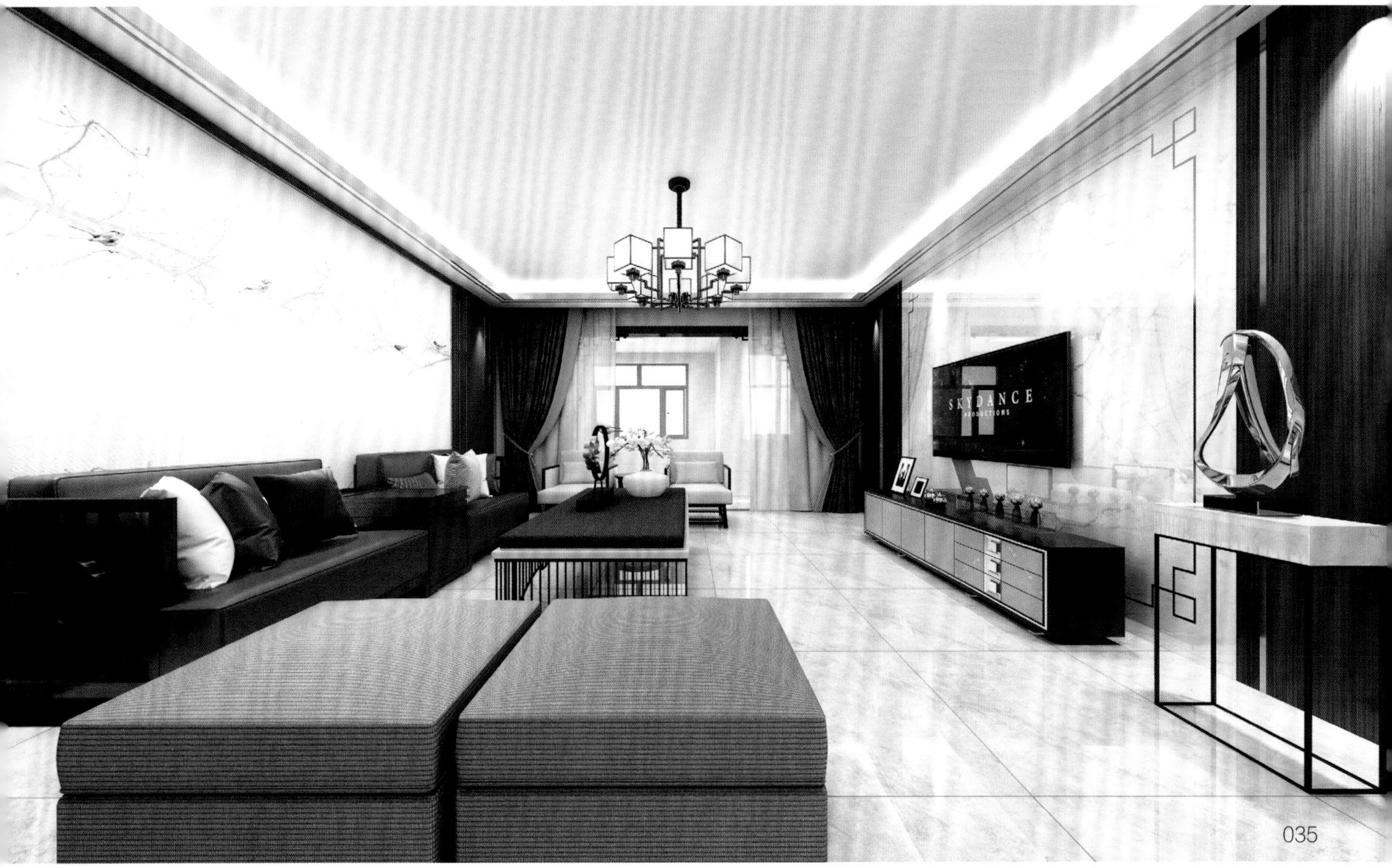

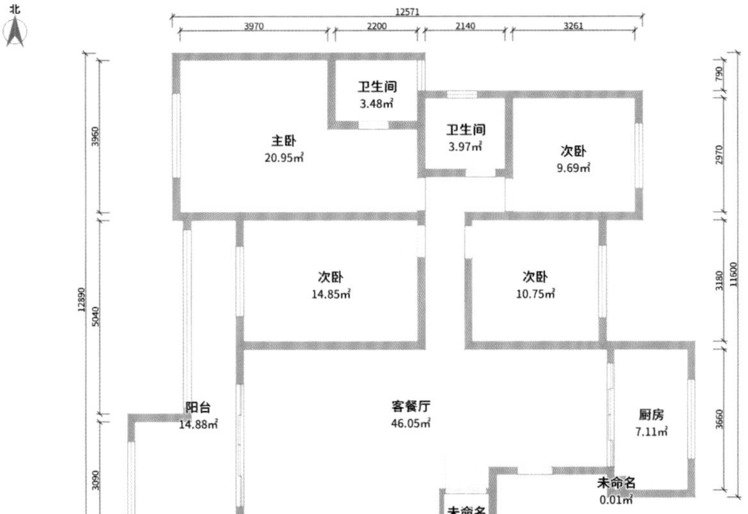

平面图（单位：mm）

035-a

035-b

扫码观看本案例更多空间

SKYDANCE
PRODUCTIONS
036

036-a

036-b

扫码观看本案例更多空间

北
15630
3986
2194
1575
1480
4480
380
次卧
21.73㎡
卫生间
2.04㎡
卫生间
3.64㎡
主卧
18.25㎡
走廊
1.94㎡
卫生间
2.37㎡
未命名
0.04㎡
厨房
6.75㎡
客餐厅
51.8㎡
阳台
5.96㎡
阳台
3.8㎡
书房
12.92㎡
次卧
15.85㎡
3857
232
3128
3189
11477
3671
4691
1660
1200
12420
540
1190
4050
1610
1350
4260
710
15630

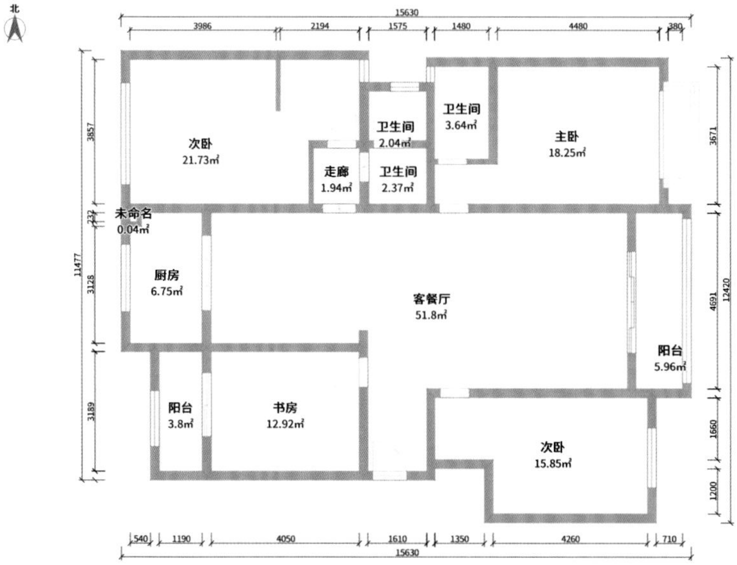

平面图（单位：mm）

SKYDANCE
PRODUCTIONS
037

037-a

037-b

扫码观看本案例更多空间

北
13146
3371
1967
1667
4275
666
496
3027
9385
2892
1969
1699
1824
8582
4259
次卧
10.21㎡
卫生间
3.29㎡
卫生间
4.37㎡
主卧
19.18㎡
次卧
8.12㎡
客餐厅
31.87㎡
阳台
5.66㎡
厨房
6.55㎡
未命名
0.02㎡
3122
6858
1330
12350

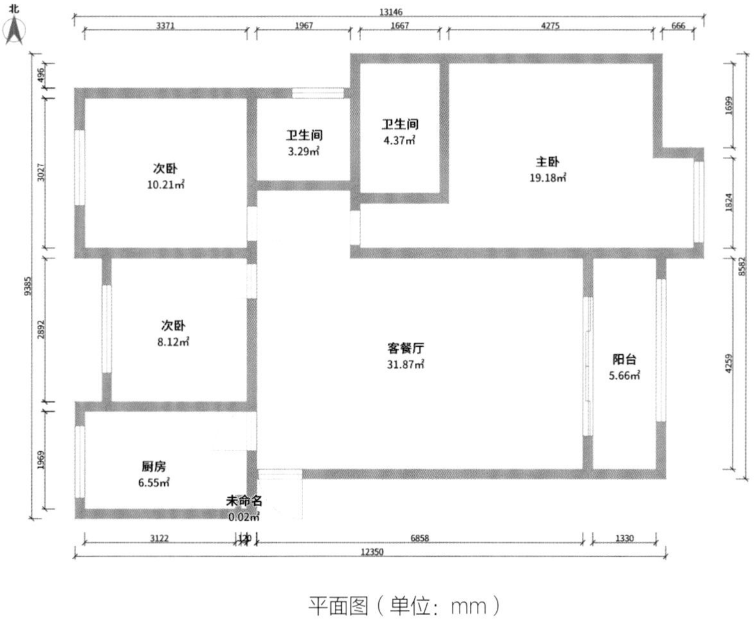

平面图（单位：mm）

038

038-a

038-b

扫码观看本案例更多空间

北
16650
2850
1900
3800
1326
5654
卫生间
2.85㎡
次卧
6.45㎡
主卧
10.26㎡
露台（无顶）
8.25㎡
露台（无顶）
35.17㎡
厨房
5.47㎡
客餐厅
25.53㎡
238
2262
1920
1200
6620
6220
8950
1326
5654
16650

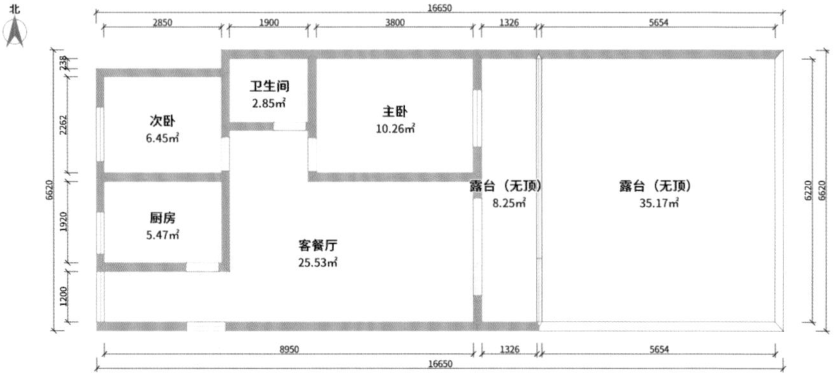

平面图（单位：mm）

SKYDANCE
PRODUCTIONS
039

北
7763
2660
1528
2615
阳台
4.52㎡
厨房
6.13㎡
次卧
3.61㎡
次卧
9.41㎡
卫生间
1.89㎡
客餐厅
35.77㎡
卫生间
4.79㎡
主卧
12.99㎡
次卧
12.5㎡
阳台
3.1㎡
阳台
5.62㎡
1700
2305
2873
1439
390
3887
638
14878
1700
1527
3600
2650
3118
1083
14878
612
2434
3985
3533
11524

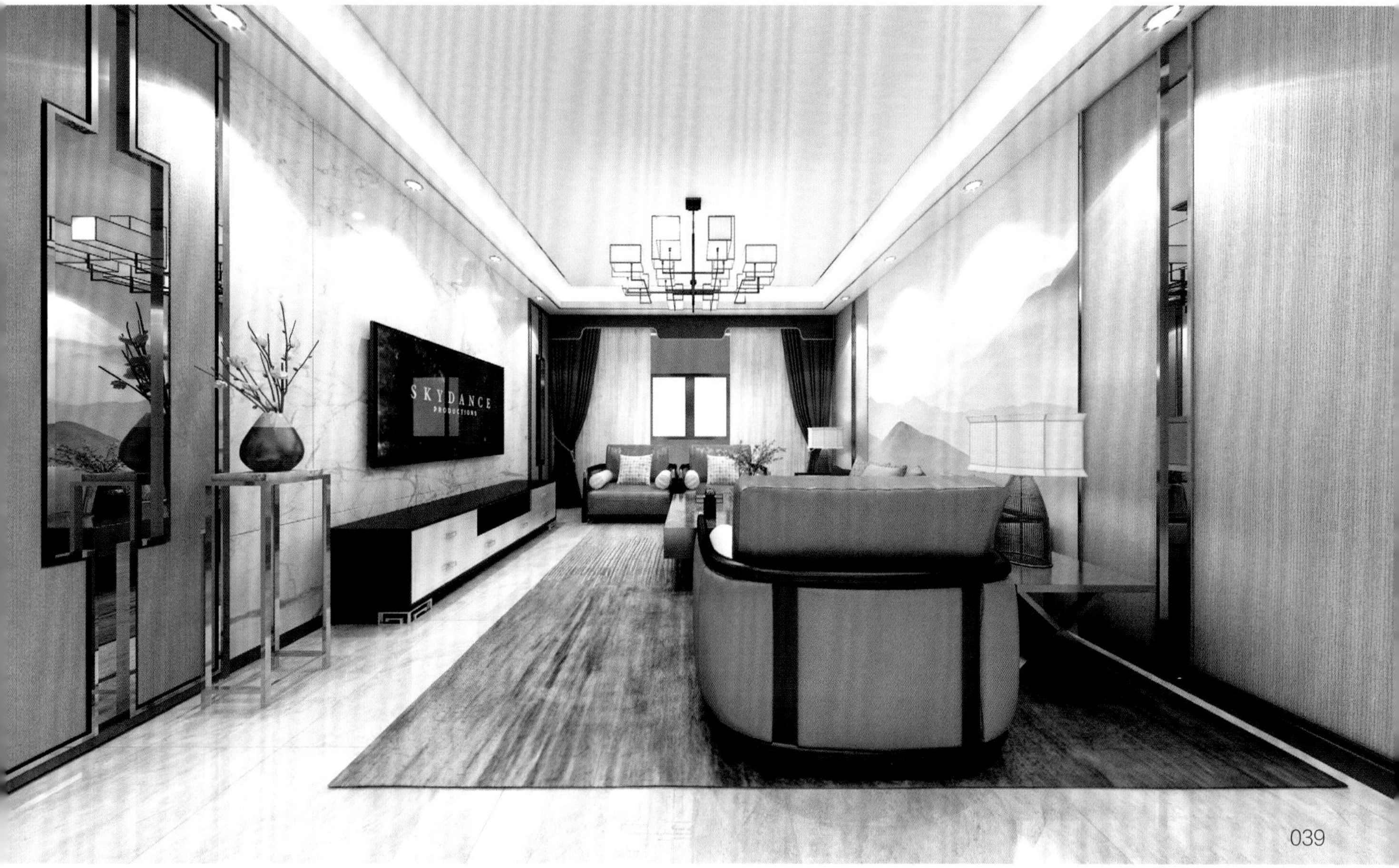

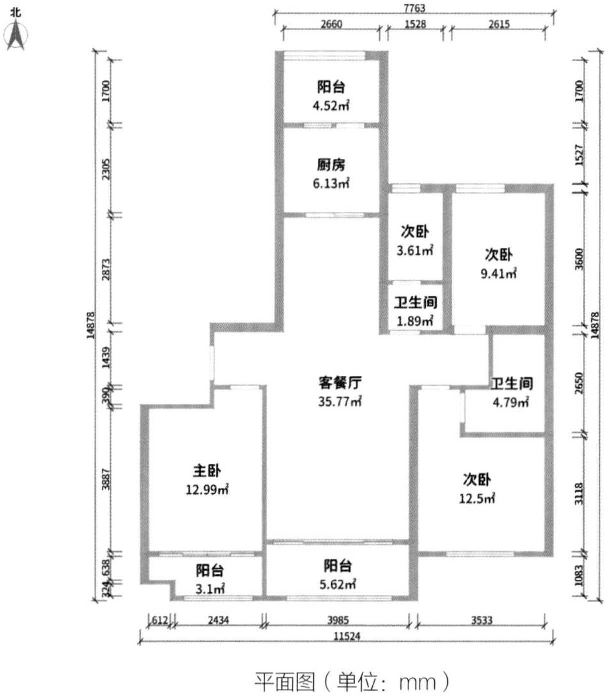

平面图（单位：mm）

039-a

039-b

扫码观看本案例更多空间

SKYDANCE
040

040-a

040-b

扫码观看本案例更多空间

北
11971
3750
2130
4400
691
次卧
10.31㎡
卫生间
3.95㎡
主卧
16.5㎡
未命名
2.34㎡
客餐厅
33.35㎡
阳台
4.38㎡
厨房
5.4㎡
阳台
4.06㎡
次卧
8.55㎡
走廊
5.21㎡
客厅
17.46㎡
主卧
9.27㎡
卫生间
3.9㎡
厨房
5.98㎡
未命名
0.05㎡
2750
2800
15370
1800
3670
780
1170
3750
3366
15370
3124
2760
1170
470
2330
1010
450
1580
3120
1860
12820

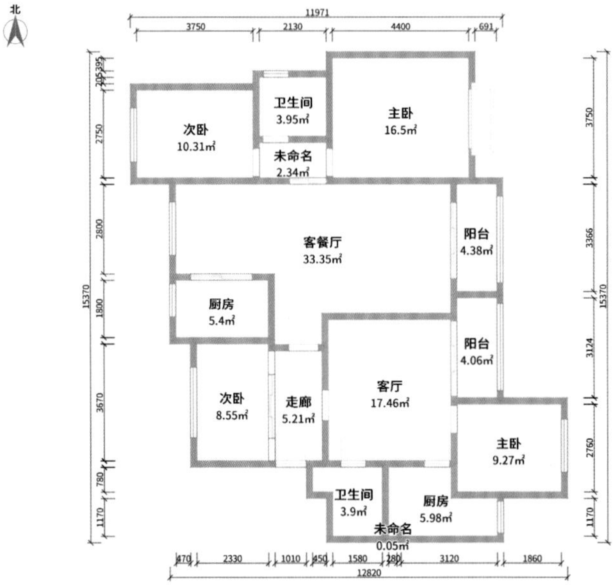

平面图（单位：mm）

041

北
11520
550
3570
3460
2940
1448
1692
1290
2460
7890
876
2264
3950
10919
2829
卫生间
6.04㎡
露台（无顶）
11.56㎡
未命名
6.66㎡
未命名
2.5㎡
未命名
1.95㎡
客厅
26.07㎡
未命名
10.63㎡
主卧
12.14㎡
4320
1288
4290
622
11520

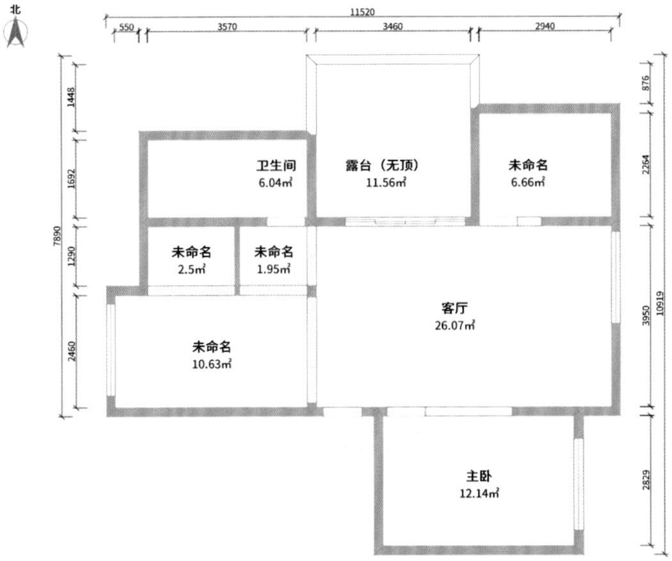

平面图（单位：mm）

041-a

041-b

扫码观看本案例更多空间

042

042-a

042-b

扫码观看本案例更多空间

北
15061
3813
4137
4376
1536
1323
2373
7672
1358
1538
3936
8986
4330
次卧
15.27㎡
主卧
16.38㎡
次卧
9.05㎡
未命名
0.1㎡
卫生间
2.54㎡
客餐厅
32.14㎡
阳台
6.66㎡
厨房
5.46㎡
3548
2146
1365
4538
1538
14575

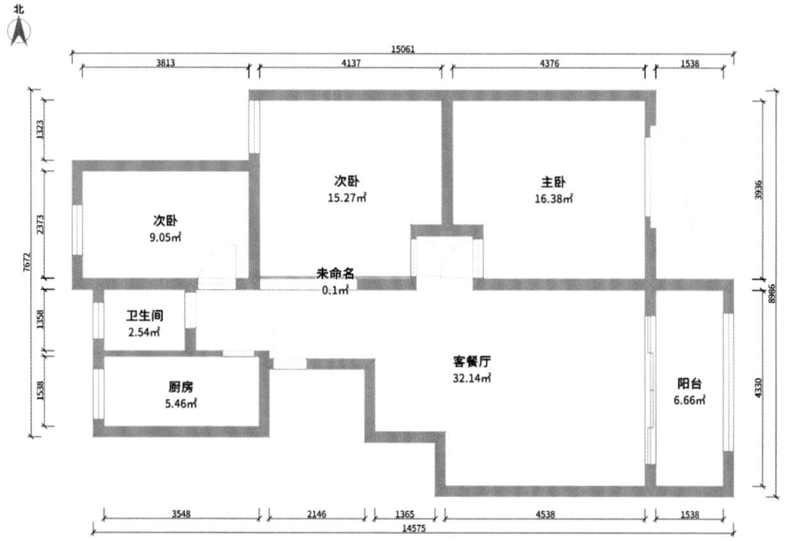

平面图（单位：mm）

SKYDANCE
043

043-a

043-b

扫码观看本案例更多空间

北
12409
325
3380
2150
4000
1350
次卧
9.48㎡
卫生间
3.34㎡
主卧
15.12㎡
卫生间
3.73㎡
卫生间
1.82㎡
客餐厅
41.09㎡
阳台
5.61㎡
厨房
5.81㎡
次卧
14.7㎡
未命名
0.26㎡
2806
1700
2600
1750
470
510
11156
3400
4156
2800
3320
2160
510
4760
1350
13220

平面图（单位：mm）

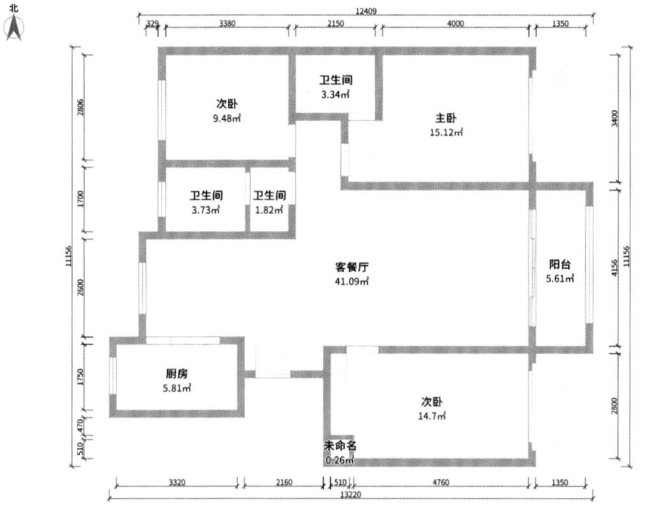

044

北
主卧室
14.33㎡
卫生间
3.11㎡
未命名
0.07㎡
次卧
7.77㎡
未命名
1.52㎡
衣帽间
2.84㎡
未命名
0.08㎡
卫生间
3.59㎡
未命名
0.02㎡
客餐厅
34.08㎡
阳台
8.87㎡
未命名
0.02㎡
厨房
4.92㎡
次卧
10.79㎡
未命名
0.06㎡

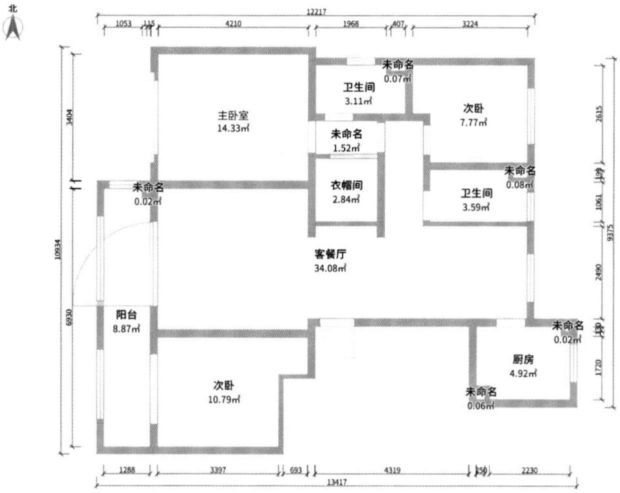

平面图（单位：mm）

044-a

044-b

扫码观看本案例更多空间

045

045-a

045-b

扫码观看本案例更多空间

北
10402
2476
80
3694
3072
阳台
4.71㎡
未命名
0.01㎡
主卧
13.43㎡
次卧
10.32㎡
未命名
0㎡
客餐厅
31.06㎡
卫生间
4.25㎡
玄关
1.95㎡
未命名
0.01㎡
次卧
11.21㎡
厨房
5.82㎡
未命名
0.01㎡
未命名
0.01㎡
1275
3480
547
1073
80
1869
1567
11691
451
3916
2548
3476
80
3712
1260
2670
9296

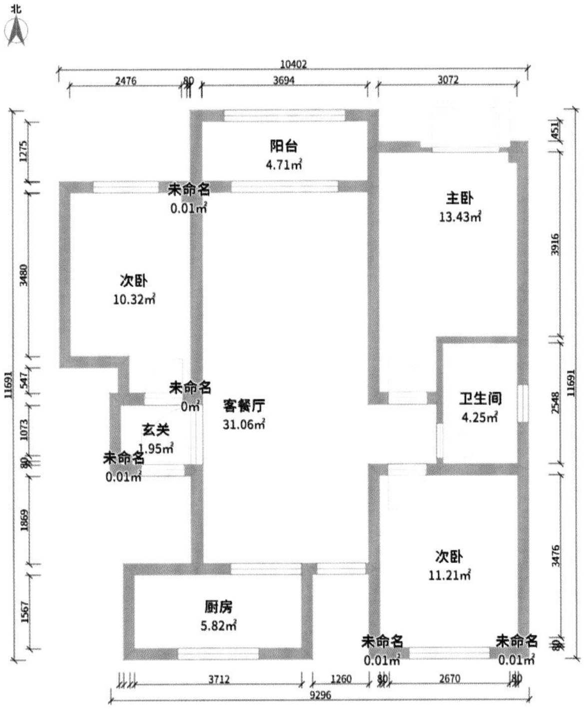

平面图（单位：mm）

046

046-a

046-b

扫码观看本案例更多空间

北
16225
2960
3197
6000
1788
4910
1570
未命名
0.01㎡
阳台
5.48㎡
厨房
6.84㎡
未命名
0.01㎡
阳台
7.87㎡
卫生间
6.94㎡
客餐厅
46.63㎡
次卧
10.98㎡
次卧
11.69㎡
衣帽间
3.58㎡
卫生间
3.82㎡
次卧
12㎡
主卧
23.65㎡
阳台
10.71㎡
760
1895
6875
10490

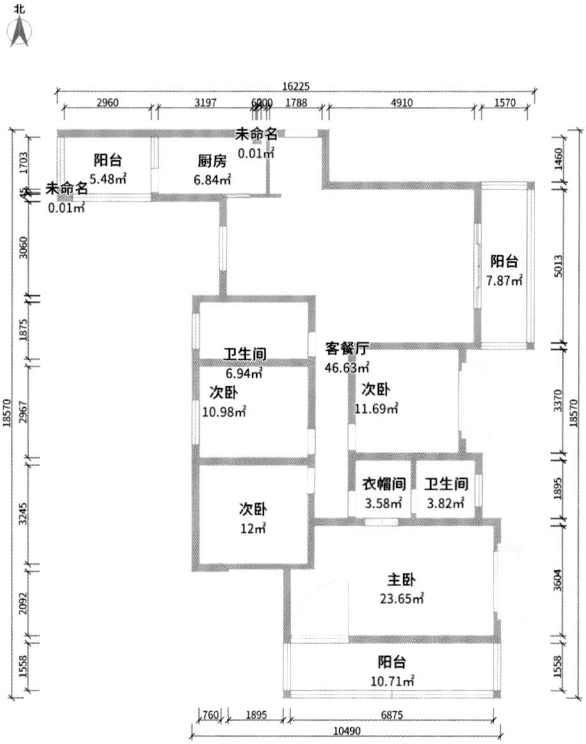

平面图（单位：mm）

047

047-a
047-b

扫码观看本案例更多空间

北
8553
3466
1736
2091
50
阳台
5.41㎡
1562
卫生间
3.35㎡
厨房
6.74㎡
3221
主卧
16.14㎡
4656
卫生间
2.03㎡
11126
1234
客餐厅
26.41㎡
1938
12554
次卧
14.97㎡
4068
3269
阳台
6.7㎡
1572
4263
4623

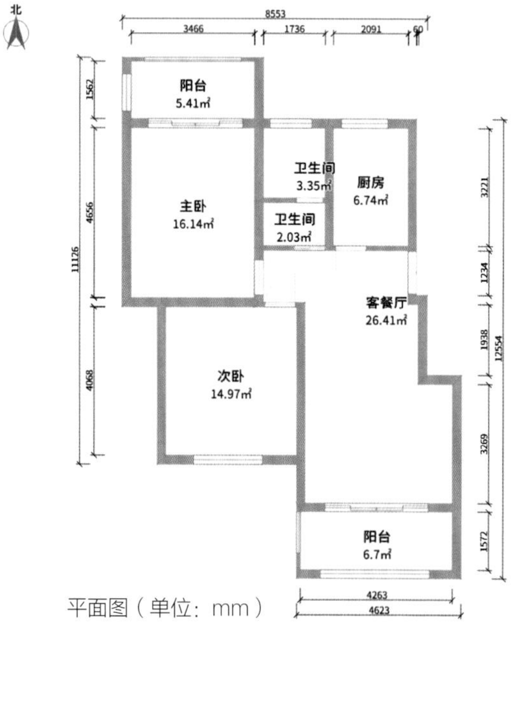

平面图（单位：mm）

048

北
2060
4000
2500
4100
1300
次卧
12.4㎡
卫生间
4.69㎡
未命名
0㎡
主卧
12.71㎡
阳台
4.03㎡
3100
6150
2135
7500
3800
餐厅
11.48㎡
客餐厅
28.07㎡
未命名
0.74㎡
未命名
0.01㎡
4409
1100
775
1506
4353
13660

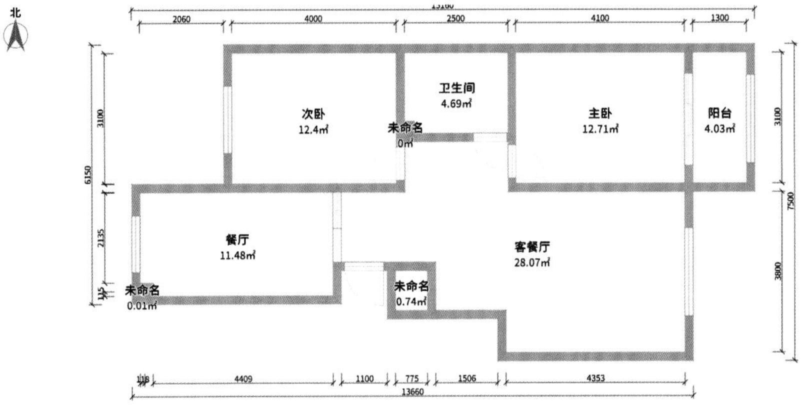

平面图（单位：mm）

048-a

048-b

扫码观看本案例更多空间

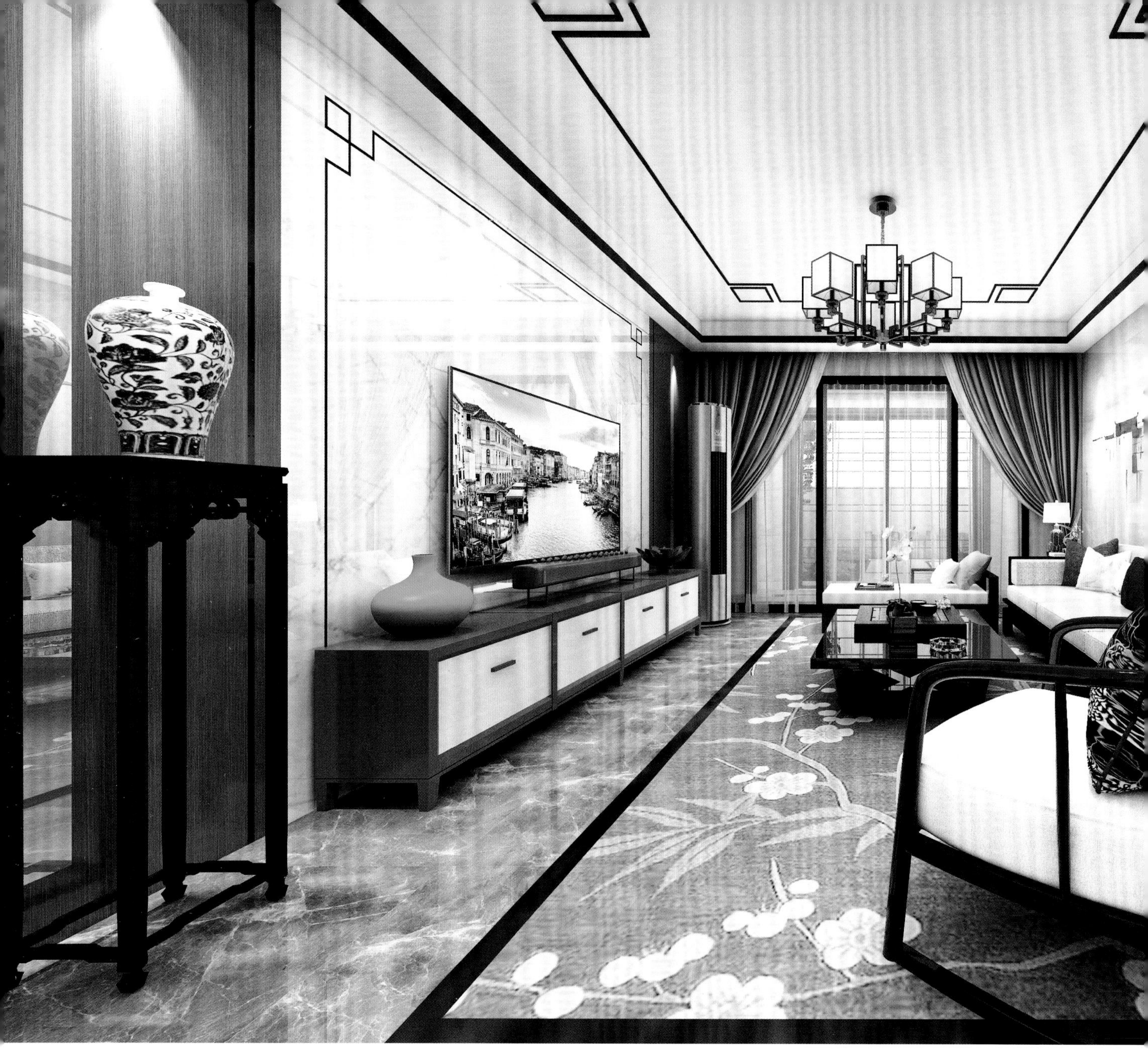

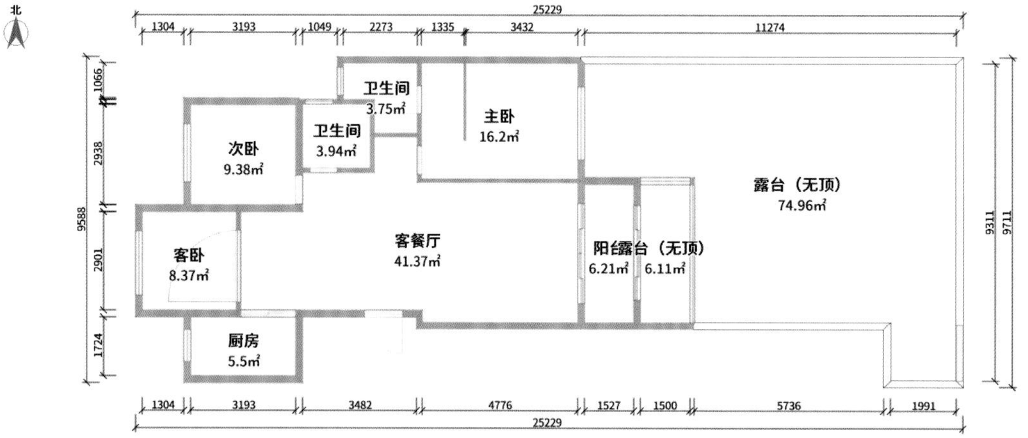
北
25229
1304
3193
1049
2273
1335
3432
11274
1066
2938
9588
2901
1724
卫生间
3.75㎡
主卧
16.2㎡
次卧
9.38㎡
卫生间
3.94㎡
露台（无顶）
74.96㎡
客餐厅
41.37㎡
客卧
8.37㎡
阳台
6.21㎡
露台（无顶）
6.11㎡
厨房
5.5㎡
9311
9711
1304
3193
3482
4776
1527
1500
5736
1991
25229

平面图（单位：mm）

049-a

049-b

扫码观看本案例更多空间

050

050-a

050-b

扫码观看本案例更多空间

北
12250
720
2780
2740
2930
1720
厨房
5.24㎡
卧室
8.9㎡
卧室
8.77㎡
卫生间
4.83㎡
客餐厅
40.56㎡
卫生间
4.38㎡
主卧
18.75㎡
卧室
13.07㎡
阳台
5.48㎡
3200
2090
11050
4280
490
1730
2660
1980
11850
4310
3600
1570
4300
1370
1690
13840

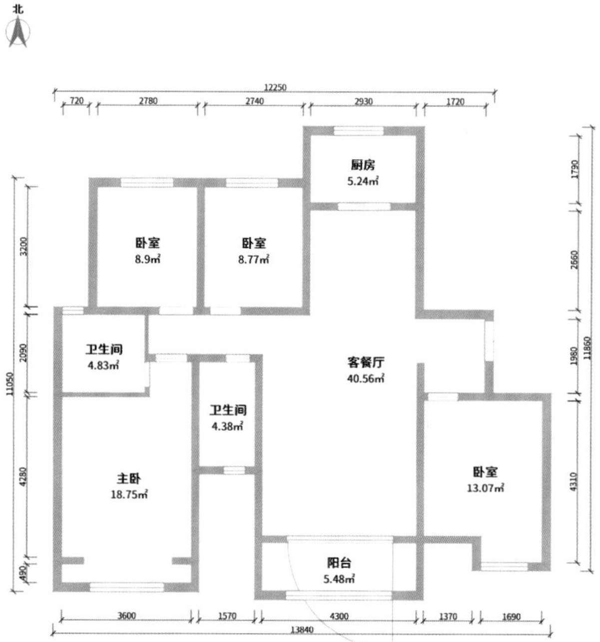

平面图（单位：mm）

051

北
10402
2476
80
3694
3072
阳台
4.71㎡
未命名
0.01㎡
主卧
13.43㎡
次卧
10.32㎡
未命名
0㎡
客餐厅
31.06㎡
卫生间
4.25㎡
玄关
1.95㎡
未命名
0.01㎡
次卧
11.21㎡
厨房
5.82㎡
未命名
0.01㎡
未命名
0.01㎡
3712
1260
2670
9296

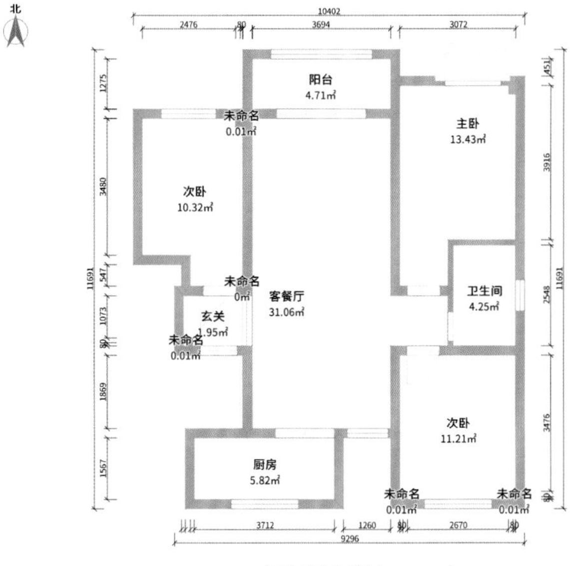

平面图（单位：mm）

051-a

051-b

扫码观看本案例更多空间

052

052-a

052-b

扫码观看本案例更多空间

北
12460
3290
2210
1770
3260
600
卫生间
3.76㎡
卫生间
4.99㎡
主卧
17.08㎡
卧室
10.63㎡
客餐厅
45.84㎡
阳台
2.1㎡
厨房
6.72㎡
阳台
4.64㎡
卧室
12.8㎡
1450
4000
3400
3260
600
14110

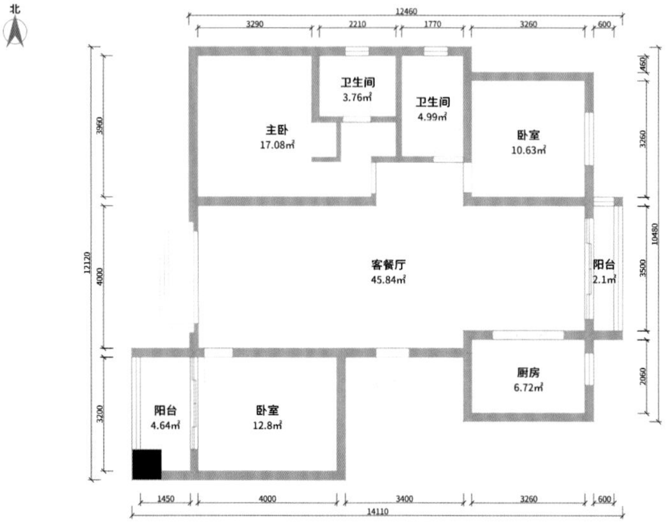

平面图（单位：mm）

053

北
18212
580
3500
458
1371
1069
3746
3665
1031
未命名
0.02㎡
次卧2
13.34㎡
次卧3
12.22㎡
阳台
3.38㎡
主卧
14.62㎡
次卧
10.75㎡
未命名
0.01㎡
卫生间
3.81㎡
卫生间
4.52㎡
未命名
0.03㎡
0.21㎡
未命名
0.02㎡
厨房
8.55㎡
未命名
0.86㎡
未命名
0.29㎡
客餐厅
53.81㎡
阳台
6.29㎡
保姆房
3.14㎡
未命名
0.02㎡
1722
802
1576
742
3514
747
11030
3350
1946
9888
1492
1167
1022
5389
5357
4543
2152
20018

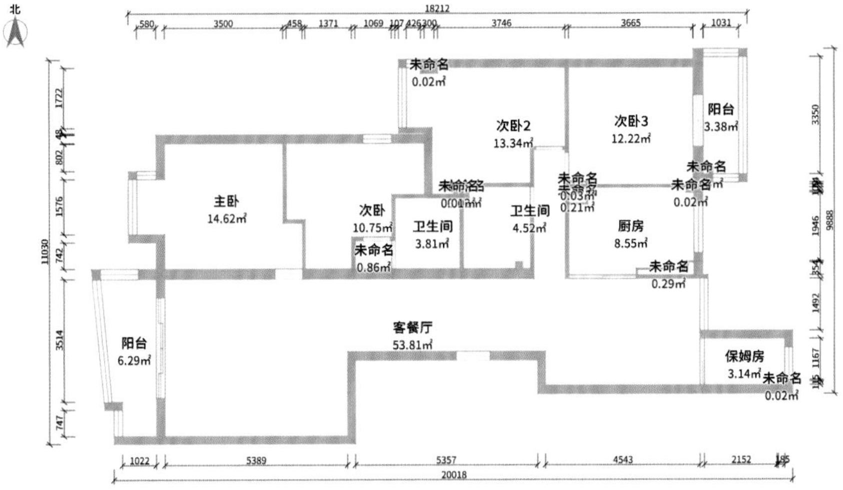

平面图（单位：mm）

053-a

053-b

扫码观看本案例更多空间

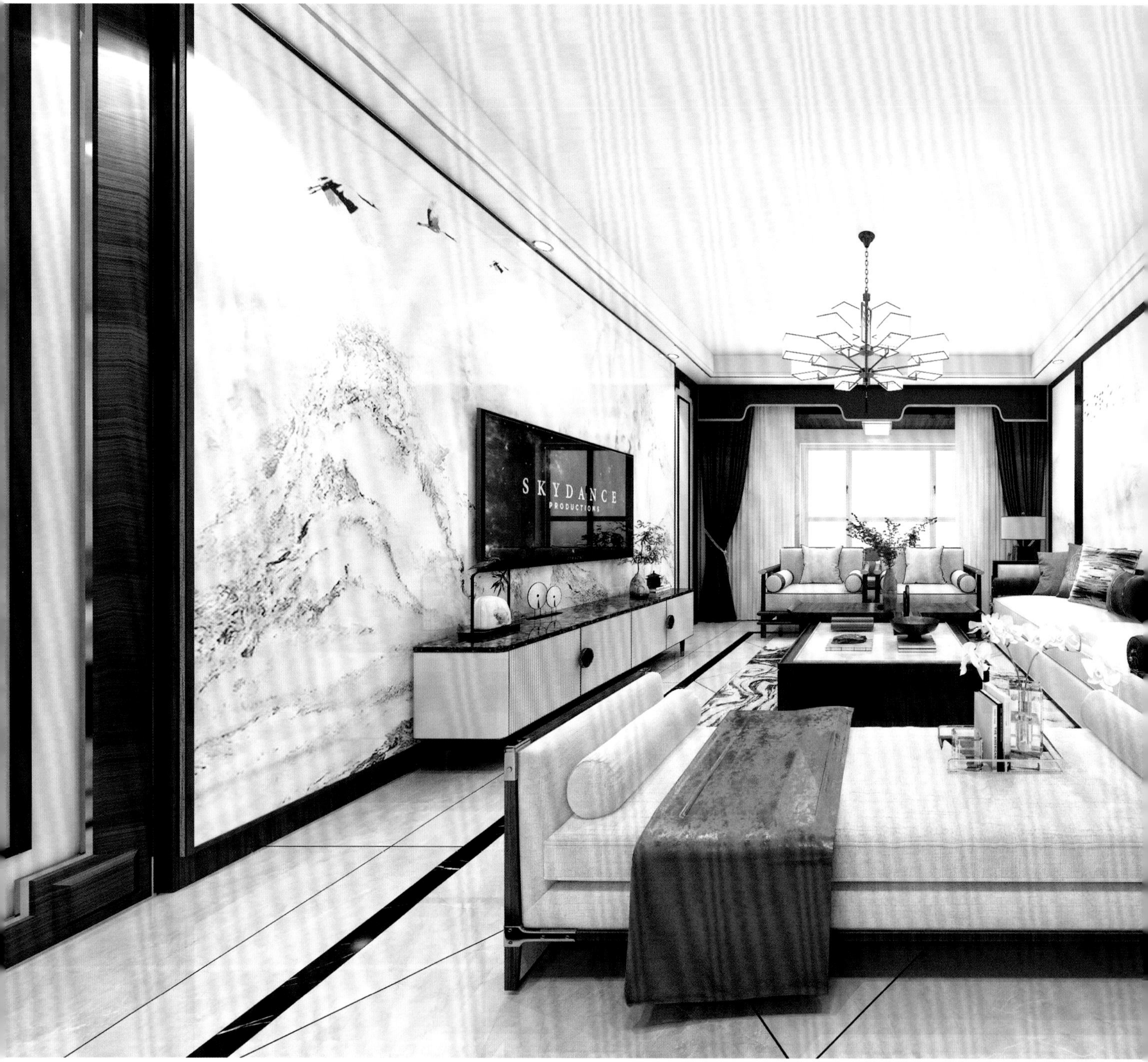
SKYDANCE
PRODUCTIONS

054

北
13610
1510
3361
1970
3549
1780
1073
2552
90
9920
2350
2650
360
3350
4020
12320
3500
卫生间
5.38㎡
次卧
8.57㎡
次卧
11.93㎡
走廊
2.34㎡
阳台
3.55㎡
客餐厅
32.37㎡
阳台
7.16㎡
厨房
7.53㎡
未命名
0.06㎡
玄关
2.15㎡
主卧
12.32㎡
阳台
6.23㎡
2560
210
1980
1940
3579
1780
13611

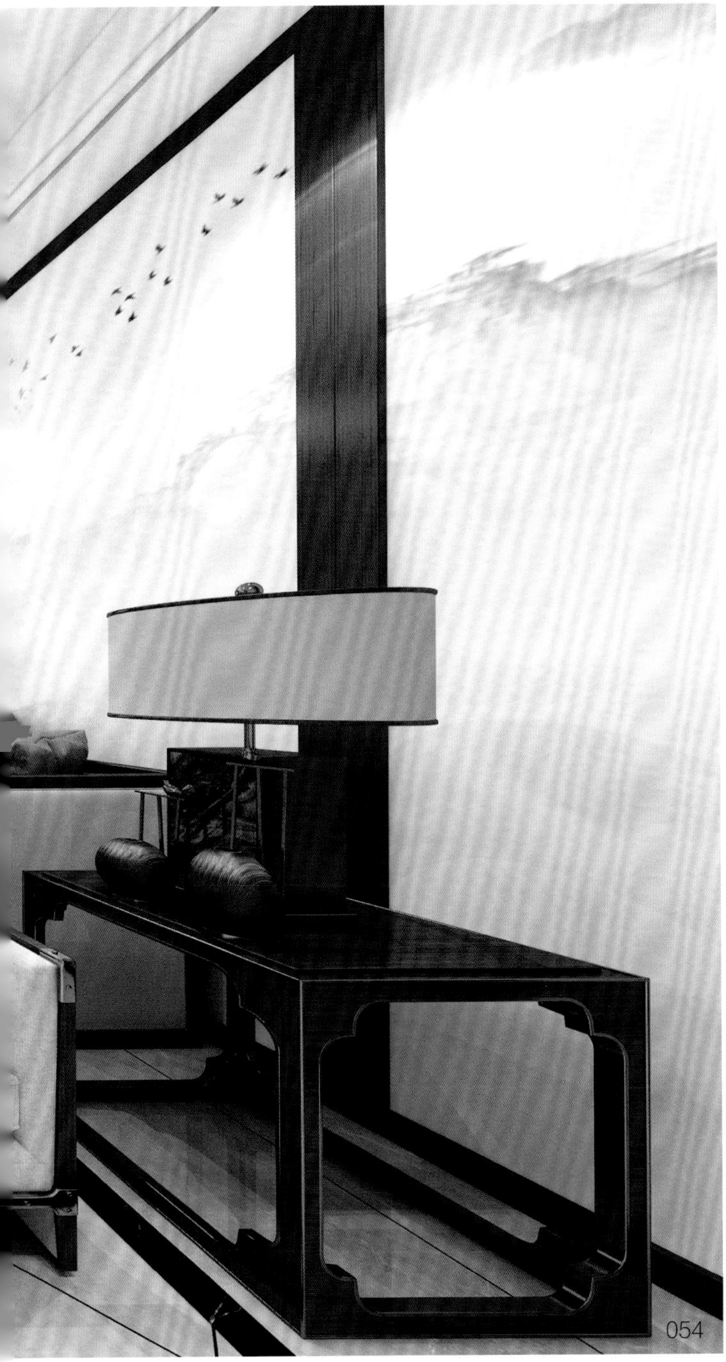

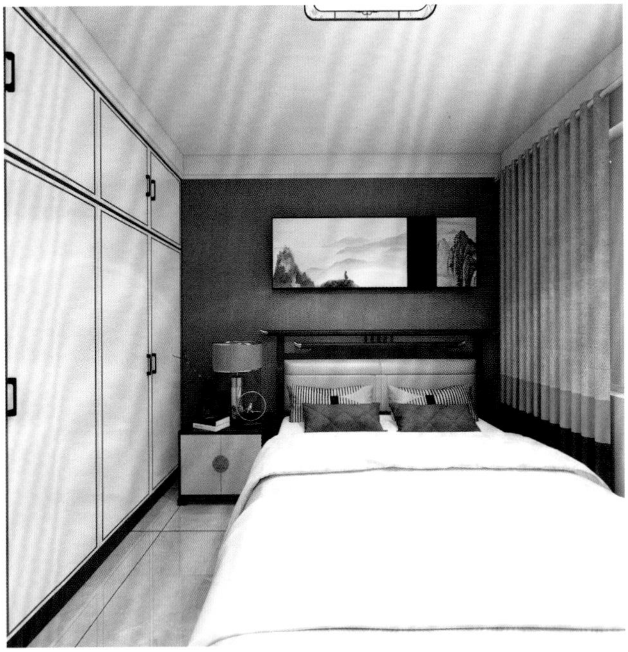

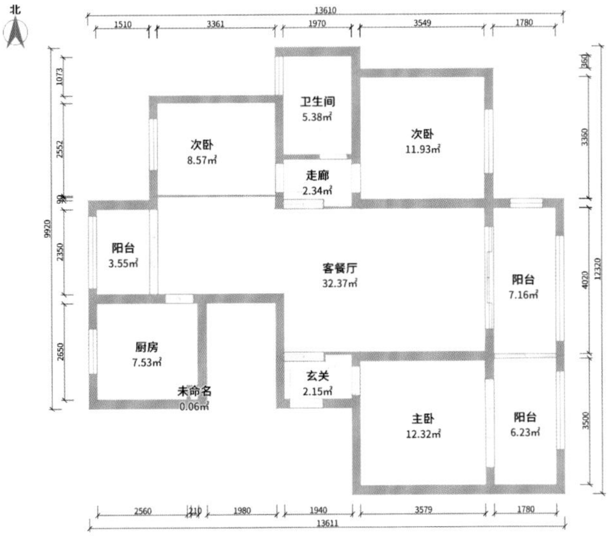

平面图（单位：mm）

054-a

054-b

扫码观看本案例更多空间

055

055-a

055-b

扫码观看本案例更多空间

北

17669
1610
2615
4874
3154
3976
阳台
7.53㎡
卫生间
3.57㎡
次卧
13.62㎡
客餐厅
47.86㎡
次卧
13.48㎡
主卧
24.69㎡
卫生间
4.91㎡
次卧
9.28㎡
卫生间
5.99㎡
厨房
20.36㎡
1051
2219
1321
1263
3734
2782
1051
6487
10968
2470
4456
3473
1545
2919
2426
16259

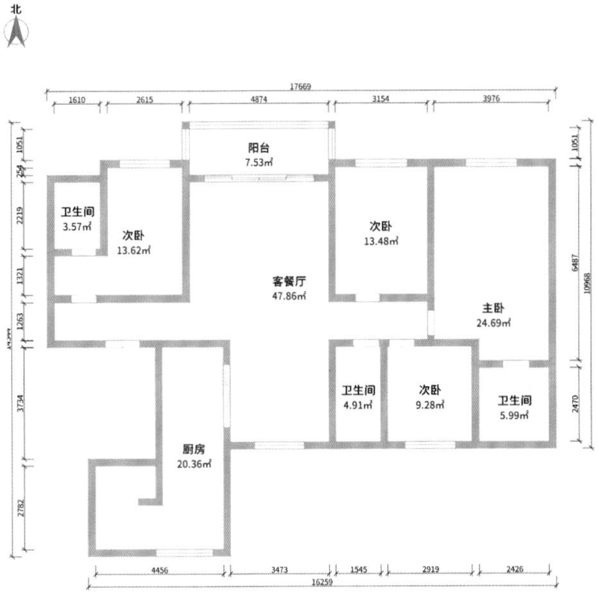

平面图（单位：mm）

056

北
12230
30
3470
1700
2201
3151
279
主卧
13.73㎡
卫生间
3.57㎡
卫生间
4.62㎡
次卧
9.14㎡
阳台
5.08㎡
客餐厅
34.71㎡
厨房
4.75㎡
未命名
0.03㎡
次卧
10.18㎡
11050
3370
4000
2880
279
2900
1990
170
440
2000
9170
1270
3220
710
1560
2000
1703
167
12230

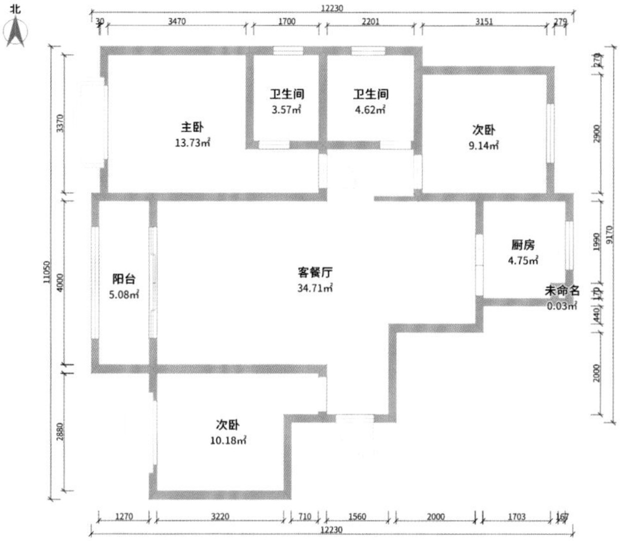

平面图（单位：mm）

056-a　056-b

扫码观看本案例更多空间

SKYDANCE
PRODUCTIONS
057

057-a

057-b

扫码观看本案例更多空间

北
12677
3073
1573
1673
3869
581
588
未命名
0.05㎡
卫生间
3.5㎡
主卧
16.36㎡
卫生间
3.32㎡
次卧
9.55㎡
卫生间
2.26㎡
客餐厅
33.68㎡
阳台
5.71㎡
厨房
5.34㎡
财神
2.78㎡
次卧
12.53㎡
未命名
0.04㎡
917
3348
9511
2370
1430
3027
3664
10700
2844
2362
420
1292
1626
400
3300
400
957
12677

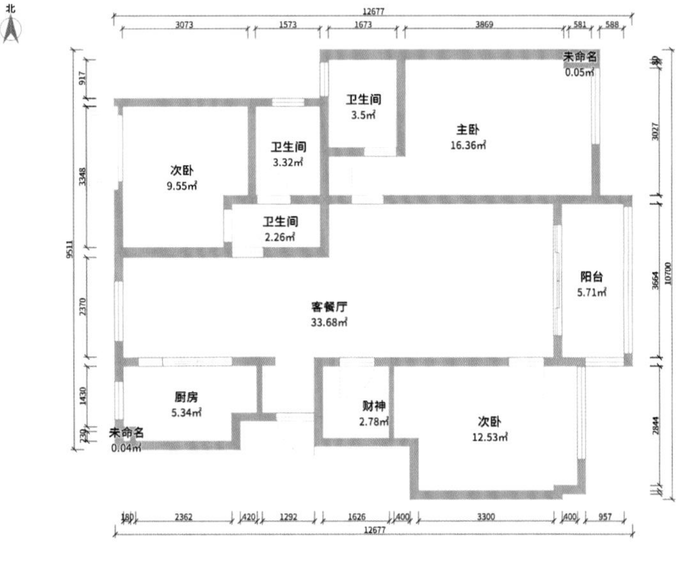

平面图（单位：mm）

SKYDANCE
058

北
主卧
15.57㎡
步入式衣柜
4.54㎡
书房
10.04㎡
未命名
0.04㎡
卫生间
5.13㎡
阳台
5.45㎡
客餐厅
42.53㎡
儿童房
13.42㎡
厨房
4.99㎡
12190
13400

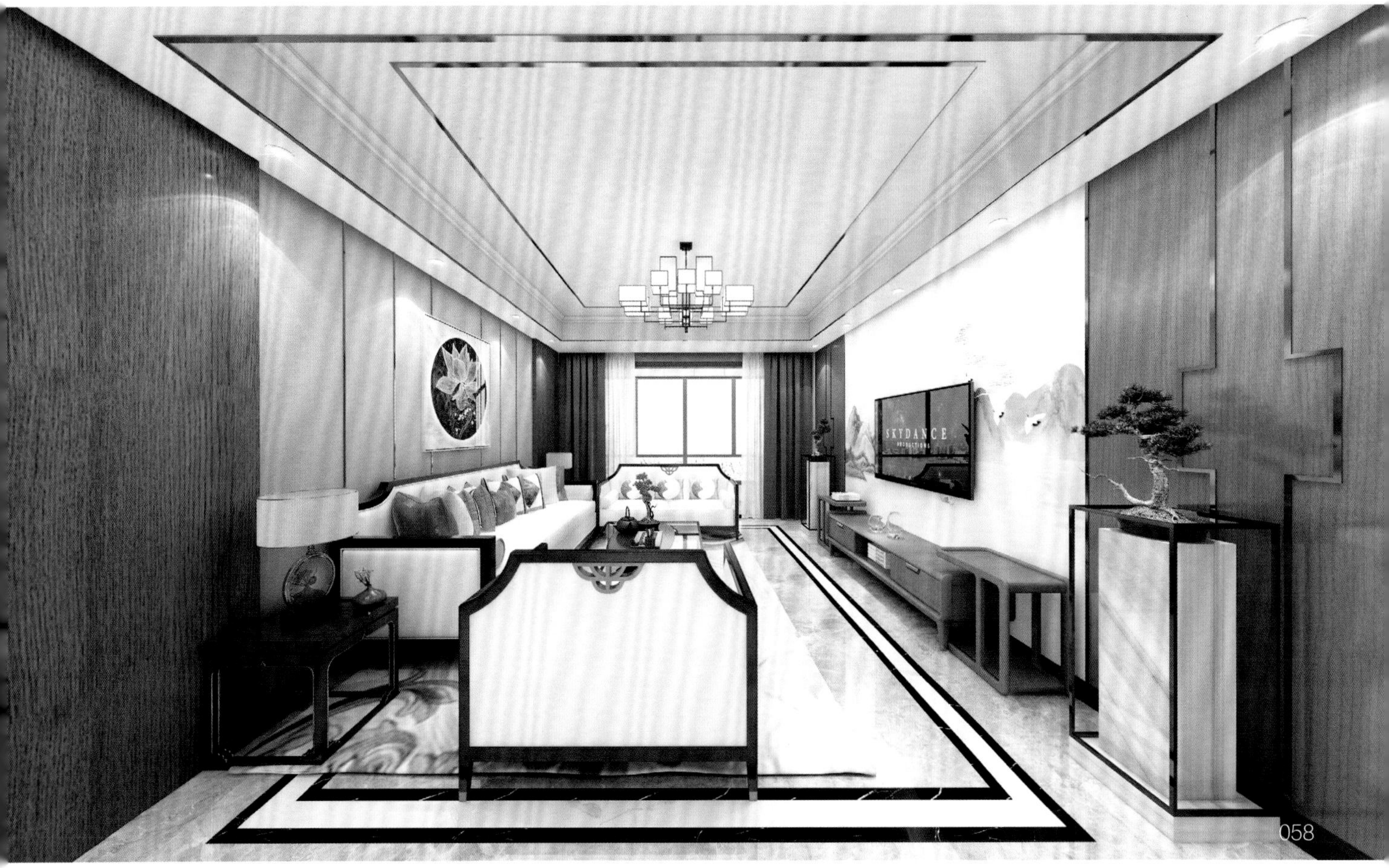

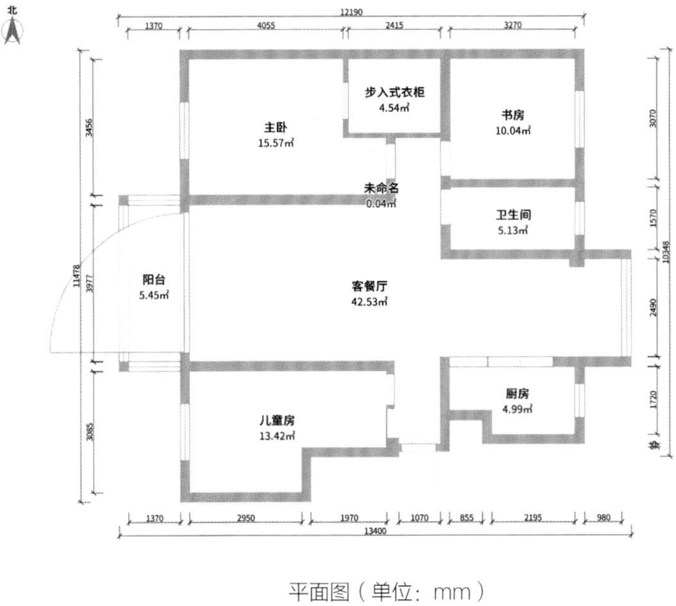

平面图（单位：mm）

058-a

058-b

扫码观看本案例更多空间

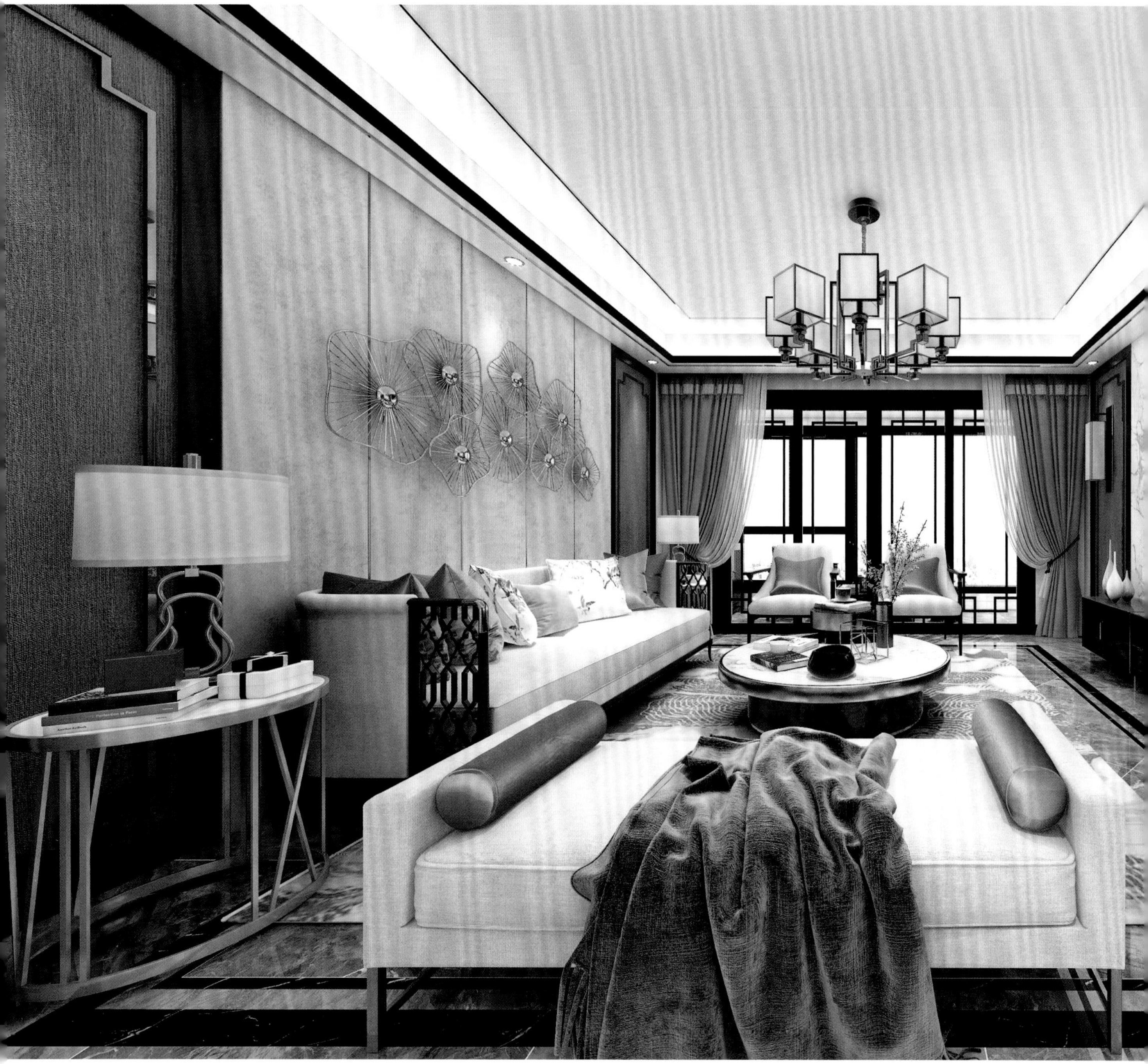

059

059-a

059-b

扫码观看本案例更多空间

北
12080
1500
6440
3180
主卧
19.35㎡
卫生间
4.49㎡
儿童房
9.54㎡
次卧
13.57㎡
卫生间
4.83㎡
阳台
10.91㎡
客餐厅
40.23㎡
厨房
5.07㎡
3260
11250
7270
1411
3000
1520
2309
1530
11250
1500
4320
1749
3311
12080

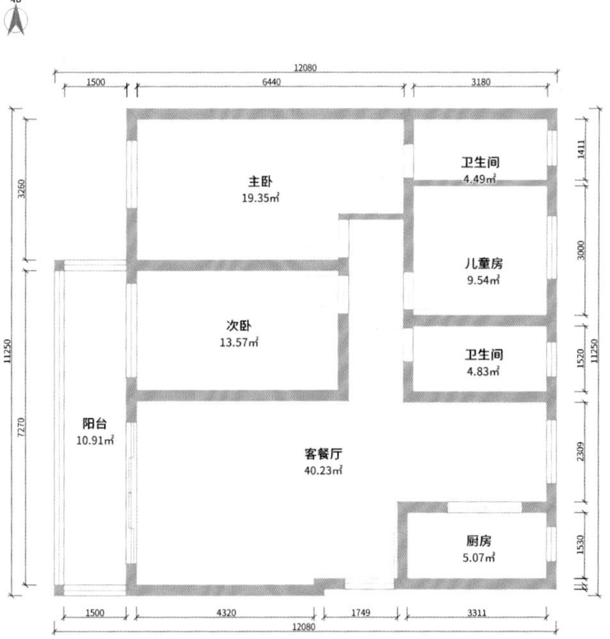

平面图（单位：mm）

SKYDANCE
PRODUCTIONS
The power of carnival

060

060

扫码观看本案例更多空间

北
主卧
15.41㎡
卫生间
5.19㎡
未命名
0.21㎡
未命名
9.31㎡
次卧
12.01㎡
阳台
7.88㎡
客餐厅
39.66㎡
未命名
0.11㎡
厨房
11.37㎡
未命名
0.01㎡

一层平面图（单位：mm）

露台（无顶）
15.51㎡
卫生间
7.92㎡
未命名
0.22㎡
洞
3.71㎡
楼梯间
6.54㎡
书房
12.01㎡
露台（无顶）
4.36㎡
主卧
39.66㎡
衣帽间
7.37㎡

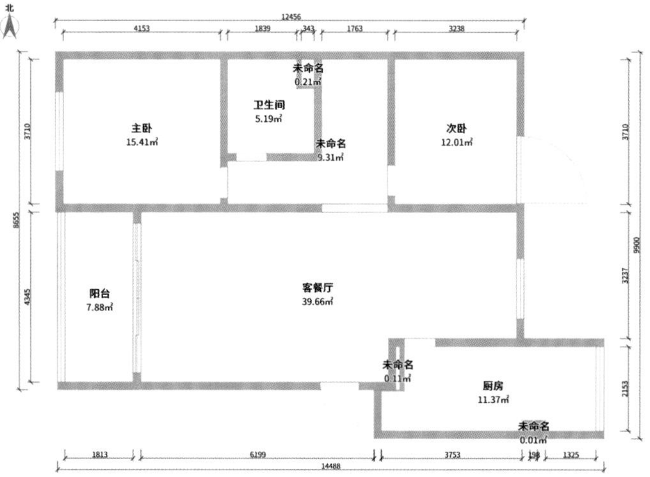

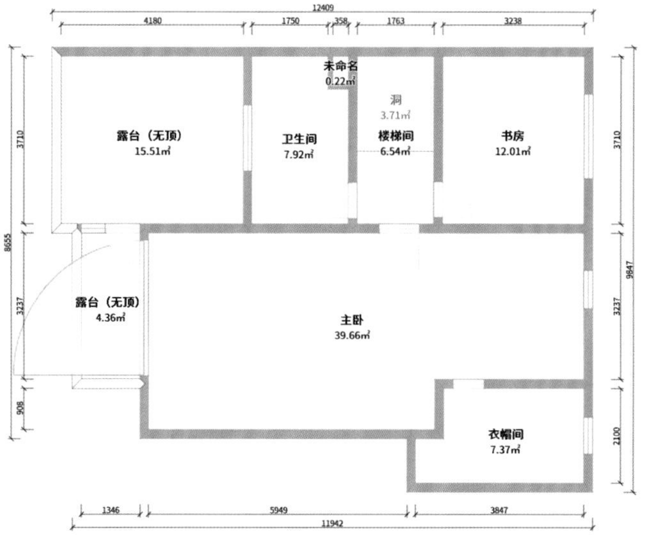

二层平面图（单位：mm）

061

061-a

061-b

扫码观看本案例
更多空间

北
9300
3400
2800
1850
350
阳台
3.64㎡
未命名
0.08㎡
次卧
10.24㎡
厨房
5.15㎡
卫生间
3.96㎡
卫生间
3.52㎡
客餐厅
35.67㎡
主卧
14.93㎡
次卧
9.99㎡
阳台
8.16㎡
3500
5900
500
10600
2803
1800
1600
3700
1300
12102
1301
220
1980
2100
1193
807
3100
700
400
13601

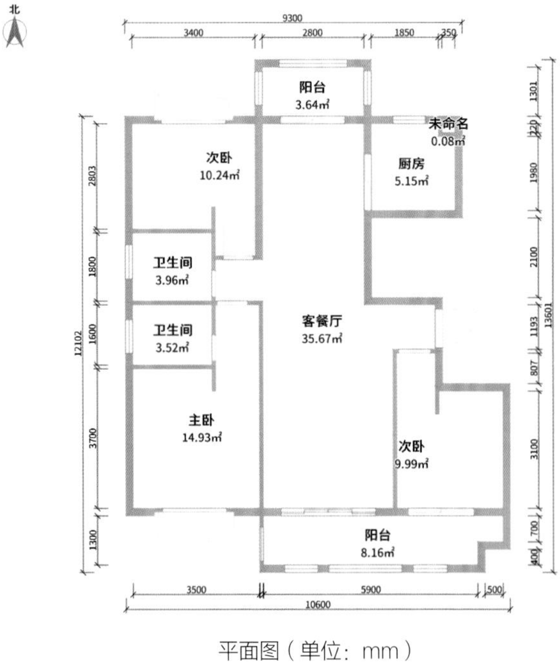

平面图（单位：mm）

062

北
11008
1436
1561
5522
1489
卫生间
5.08㎡
主卧
17.96㎡
卫生间
3.6㎡
卫生间
1.73㎡
次卧
11.66㎡
未命名
0.03㎡
厨房
5.79㎡
阳台
10.63㎡
客餐厅
41.69㎡
次卧
13.81㎡
3252
1732
1855
3151
1993
1106
14489
7138
3299
2181
2153
4185

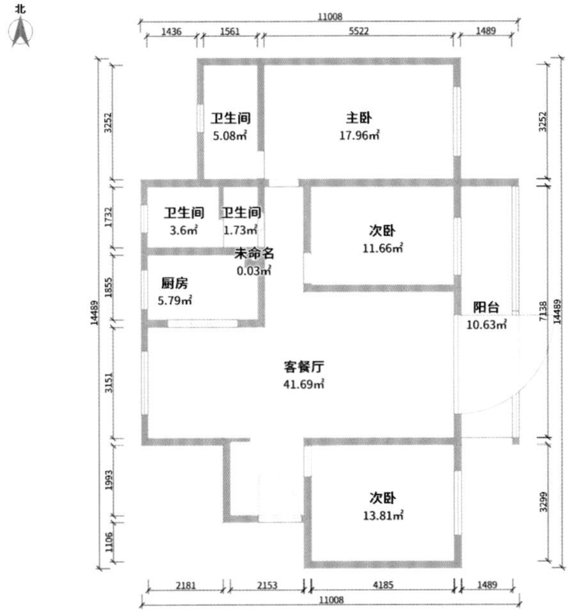

平面图（单位：mm）

062-a

062-b

扫码观看本案例更多空间

IT'S NOT HOW
GOOD YOU ARE.
IT'S HOW GOOD
YOU WANT TOBE.

063

063-a

063-b

扫码观看本案例更多空间

北
13232
521
2969
2770
3252
1374
322
627
3262
2606
2507
2829
12204
1331
3076
14580
8760
次卧
9.68㎡
次卧
9.47㎡
未命名
0.06㎡
厨房
7.58㎡
卫生间
4.41㎡
未命名
0㎡
卫生间
3.85㎡
未命名
2.01㎡
客餐厅
75.93㎡
主卧
16.64㎡
洞
2.43㎡
未命名
0.1㎡
4168
2082
2003
2712
462
13232

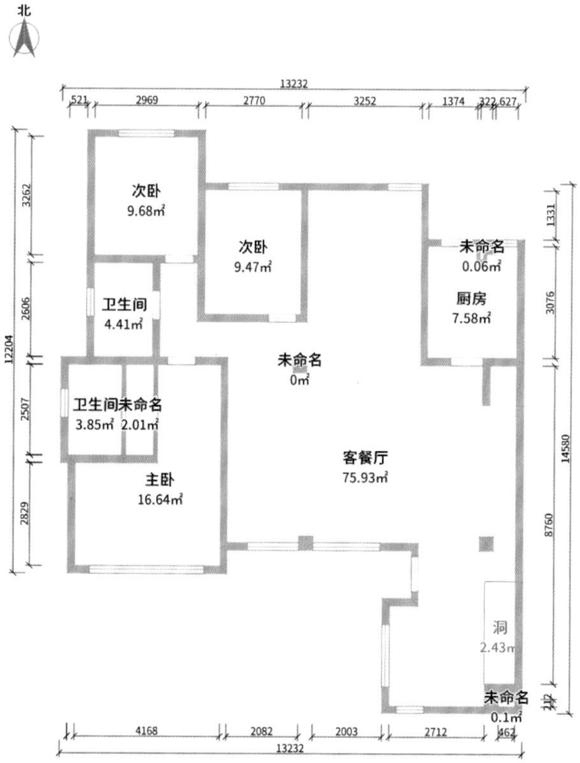

平面图（单位：mm）

SKYDANCE
PRODUCTIONS

064

064-a

064-b

扫码观看本案例更多空间

北

10590
450
3600
1570
700
3260
未命名
0.09㎡
卫生间
4.17㎡
儿童房
9.07㎡
主卧
15.11㎡
卫生间
3.32㎡
未命名
0.02㎡
未命名
0.11㎡
次卧
11.41㎡
阳台
2.87㎡
客餐厅
39.42㎡
阳台
5.61㎡
厨房
6.59㎡
未命名
0.04㎡
未命名
0.24㎡
480
1060
1980
1500
961
3893
11490
2700
1210
2361
779
2212
518
1201
8100
1058
462
11935

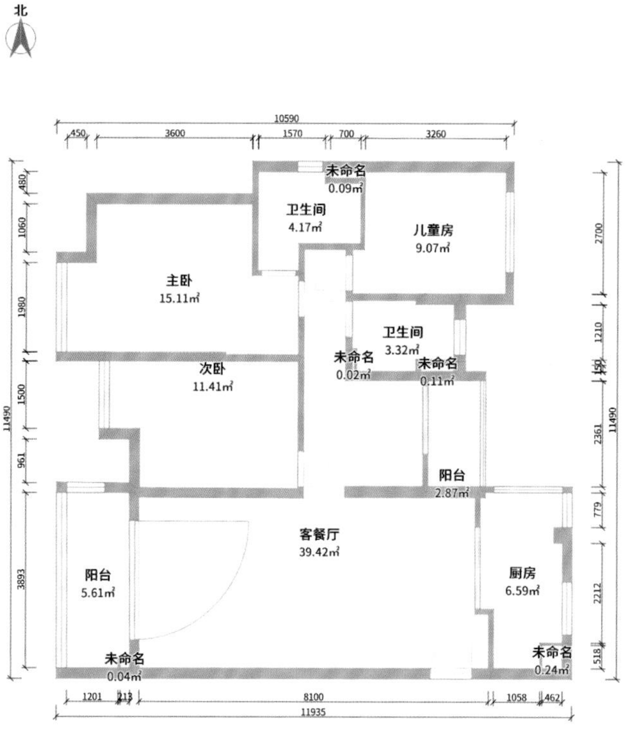

平面图（单位：mm）

065

065-a

065-b

扫码观看本案例更多空间

北
17241
4070
3781
2568
3964
1466
未命名
0.01㎡
储物间
10.83㎡
客餐厅
52.45㎡
主卧
11.8㎡
阳台
4.36㎡
衣帽间
4.55㎡
未命名
0.03㎡
配电箱
3.3㎡
次卧
9.8㎡
阳台
3.62㎡
卫生间
5.94㎡
未命名
0.08㎡
卫生间
3.13㎡
次卧
11.97㎡
厨房
6.19㎡
未命名
1.44㎡
未命名
0.08㎡
4070
1263
1320
458
1851
1129
3964
1466
17241

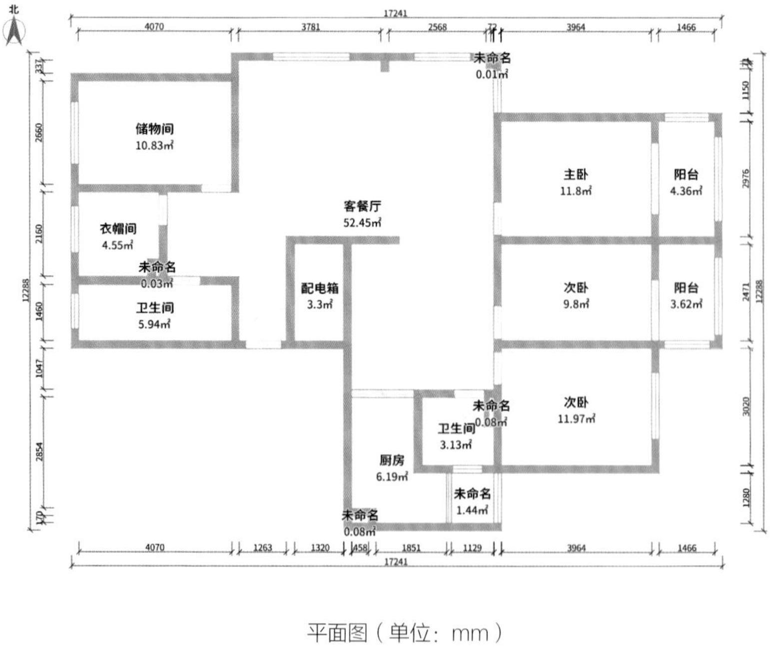

平面图（单位：mm）

066

北
14000
1060
1980
2550
3560
3410
阳台
5.49㎡
自定义
3.82㎡
未命名
0㎡
卧室
17.52㎡
女儿房
11.98㎡
干区
1.84㎡
男孩房
7.49㎡
厨房
4.55㎡
客餐厅
35.18㎡
卫生间
2.78㎡
厨房
0.09㎡
850
460
5380
10850
3080
1120
190
10850
8580
2430
1560
270
1260
3580
10350

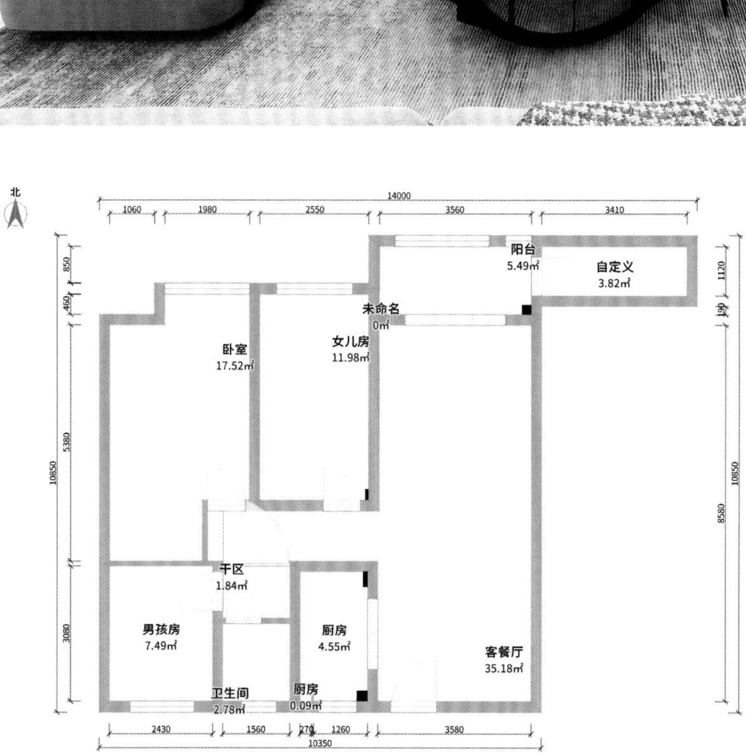

平面图（单位：mm）

066-a
066-b

扫码观看本案例更多空间

SKYDANCE
PRODUCTIONS

067

067-a

067-b

扫码观看本案例更多空间

12009
649
3985
2466
3909
卫生间
4.78㎡
主卧
15.99㎡
次卧
12.02㎡
茶室
6.47㎡
阳台
6.14㎡
客餐厅
38.2㎡
未命名
0.05㎡
厨房
4.01㎡
次卧
10.84㎡
卫生间
6㎡
3661
4565
2955
12141
3076
2423
11355
2186
2169
1346
3308
755
3804
2764
13337

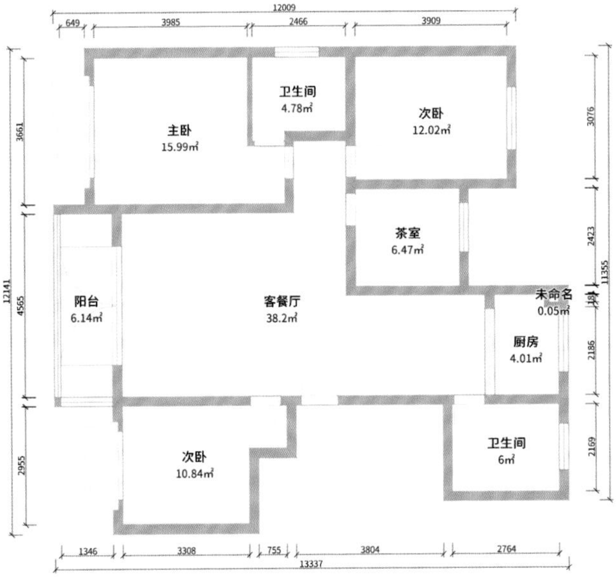

平面图（单位：mm）

NCE
068

北
11452
3147
1627
171
2466
2840
未命名
0.04㎡
厨房
4.8㎡
次卧
11.99㎡
卫生间
2.99㎡
卫生间
1.99㎡
次卧
10.42㎡
卫生间
4.96㎡
客餐厅
39.81㎡
主卧
18.07㎡
阳台
6.85㎡
2564
680
426
3742
8411
229
3984
2729
4859
12701
401
3492
1725
4304
1679
12701

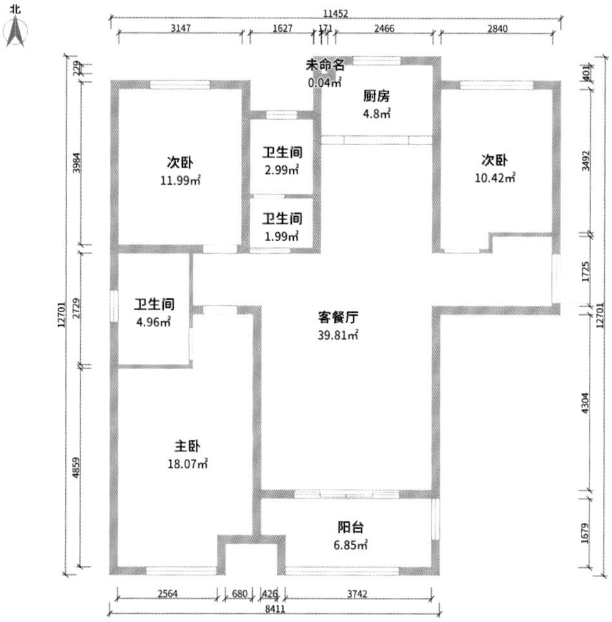

平面图（单位：mm）

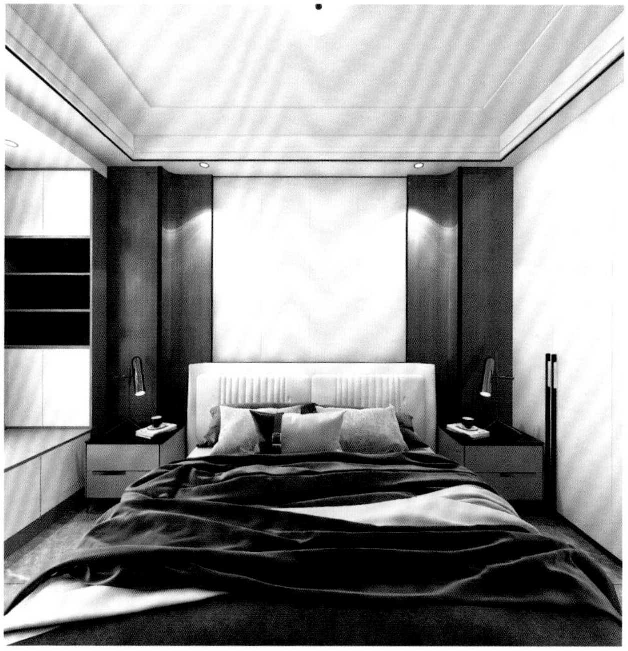

068-a　068-b

扫码观看本案例更多空间

069

069-a

069-b

扫码观看本案例更多空间

北
未命名
0.05㎡
卫生间
4.43㎡
主卧
14.61㎡
次卧
13.45㎡
未命名
0.03㎡
卫生间
4.64㎡
阳台
3.66㎡
未命名
0.07㎡
儿童房
14.37㎡
客餐厅
39.32㎡
未命名
0.02㎡
未命名
0.07㎡
厨房
8.9㎡
阳台
5.41㎡
未命名
0.07㎡
13559

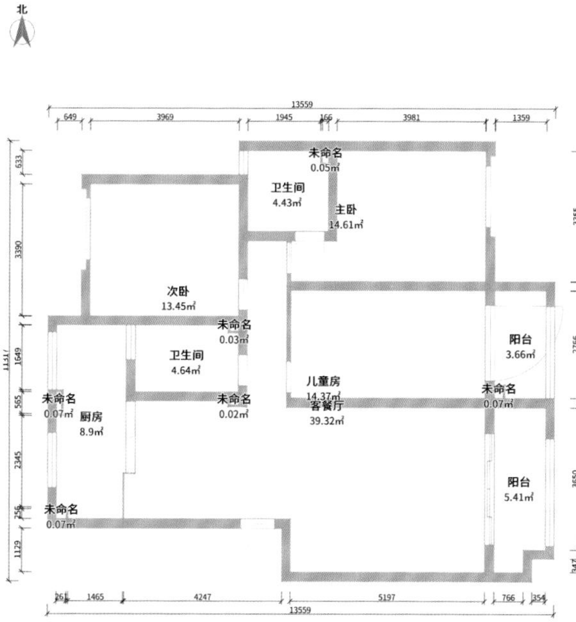

平面图（单位：mm）

SKYDANCE
PRODUCTIONS

070

070-a

070-b

扫码观看本案例更多空间

北
12443
713
3380
1600
2170
3380
卫生间
2.99㎡
卫生间
4.04㎡
主卧
12.27㎡
次卧
10.37㎡
3060
3067
7350
客餐厅
34.04㎡
厨房
4.87㎡
2780
9303
阳台
4.87㎡
3690
次卧
8.98㎡
2656
1320
5546
1157
3380
12443

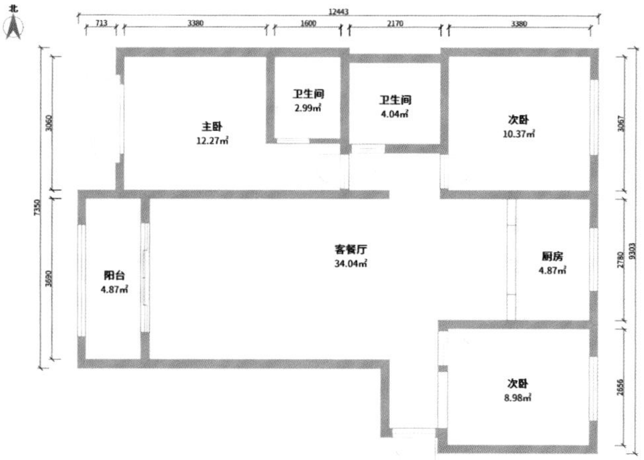

平面图（单位：mm）

19
SKYDANCE
PRODUCTIONS
CHANEL

071-a

071-b

扫码观看本案例更多空间

北
10810
2354
561
557
3178
380
2458
阳台
3.5㎡
未命名
0.04㎡
未命名
0.12㎡
儿童房
8.36㎡
未命名
0.05㎡
客餐厅
37.57㎡
主卧
13.62㎡
阳台
2.02㎡
卫生间
3.3㎡
卫生间
3.41㎡
未命名
0.05㎡
厨房
6.4㎡
次卧
10.72㎡
未命名
0.95㎡
未命名
0.04㎡
1260
2998
2270
2717
10085
1024
4585
1660
1241
10151
3945
2274
1198
4139
12595

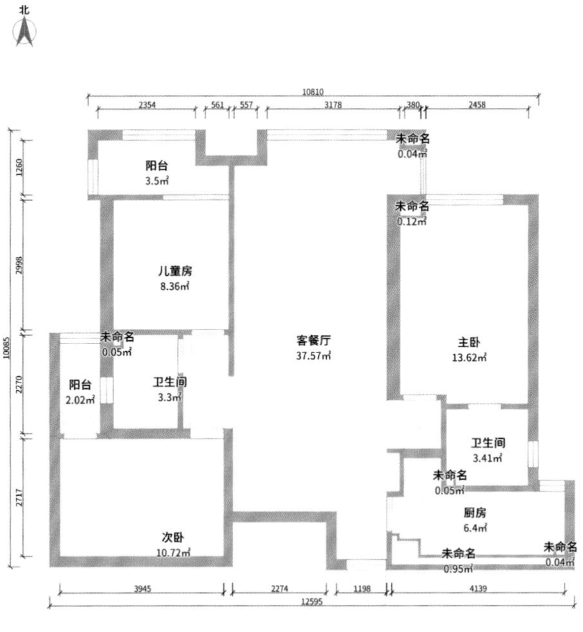

平面图（单位：mm）

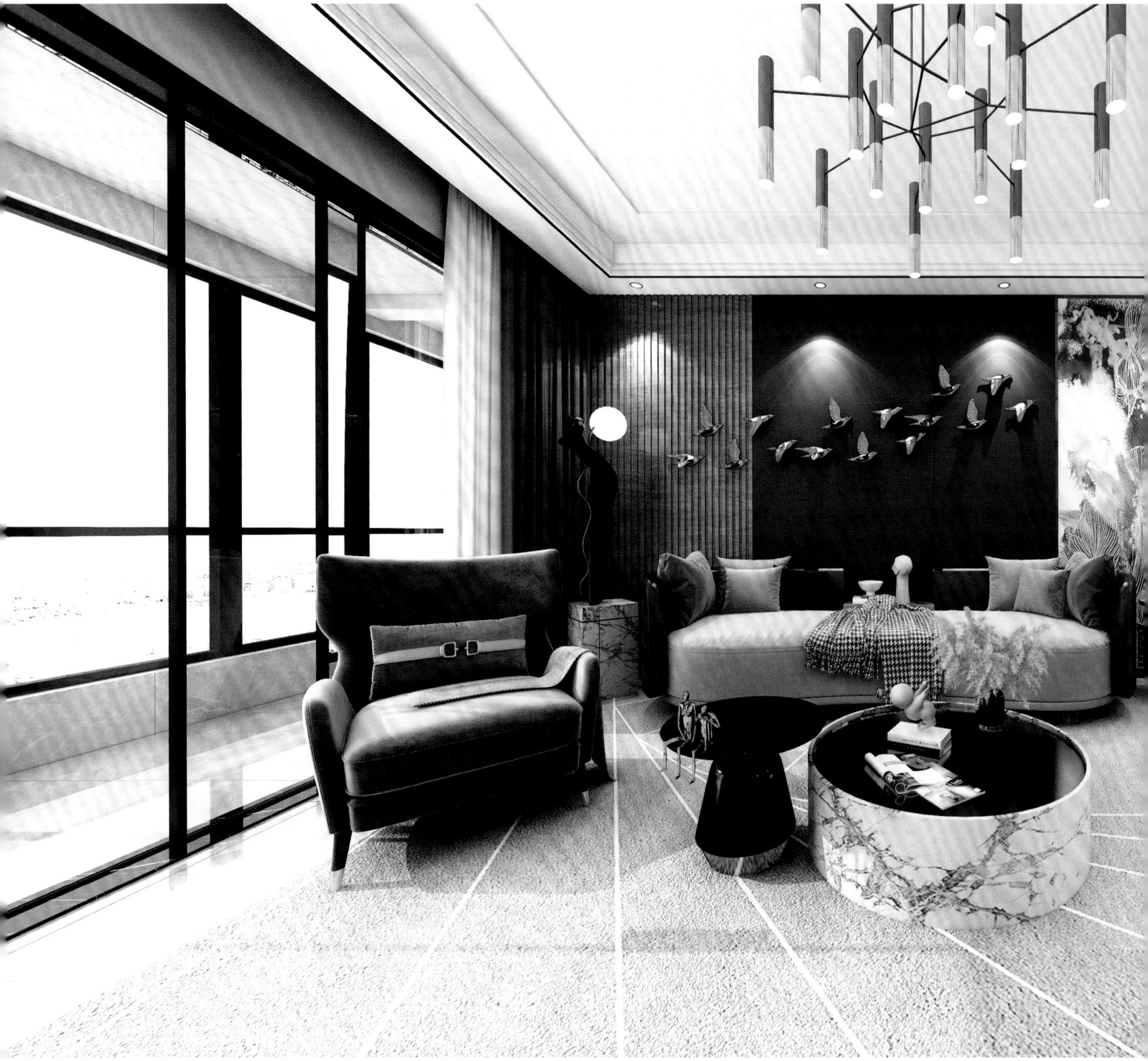

072

072-a

072-b

扫码观看本案例更多空间

北
10850
2200
2970
1530
3150
阳台
4.07㎡
厨房
6.05㎡
未命名
0.04㎡
卫生间
3.46㎡
次卧
11.53㎡
卫生间
1.84㎡
客餐厅
44.84㎡
卫生间
4.13㎡
次卧
12.46㎡
主卧
17.66㎡
阳台
9.46㎡
2350
280
800
2600
13160
700
3510
660
460
1370
3660
2400
13040
4610
470
6830
1320
2100
11720

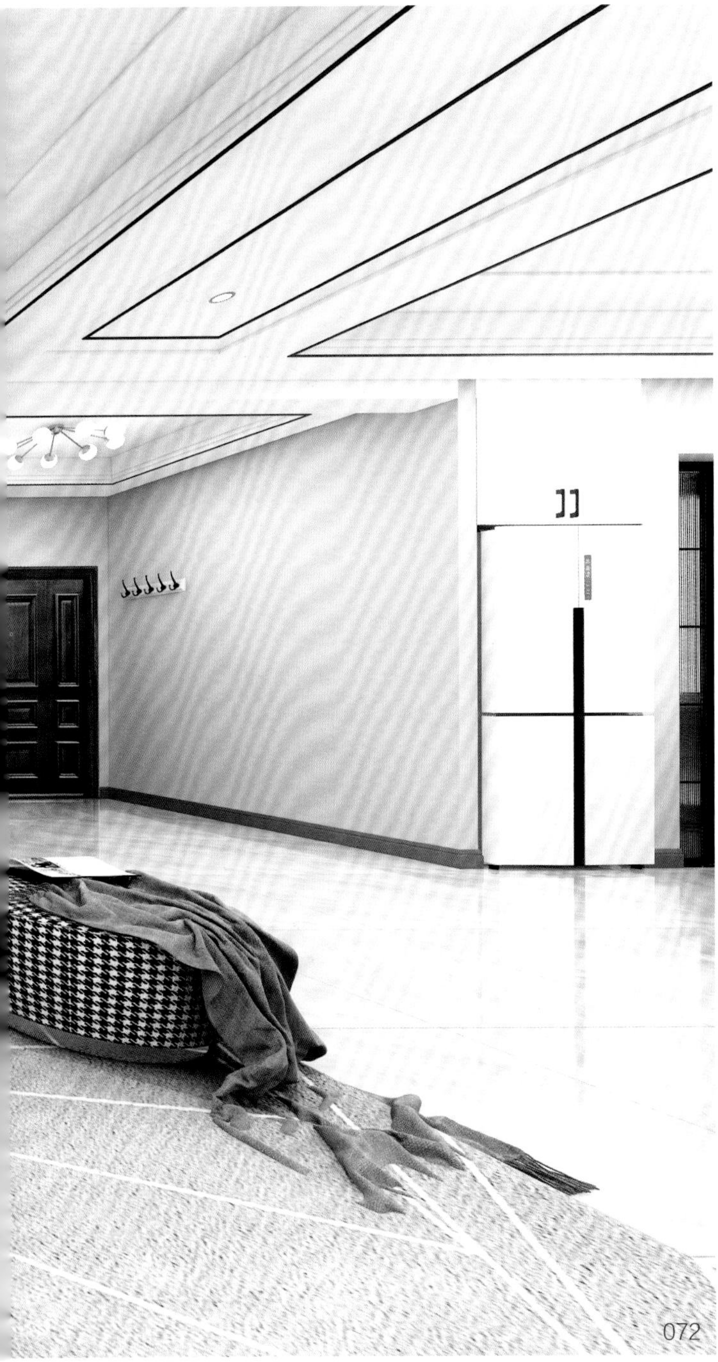

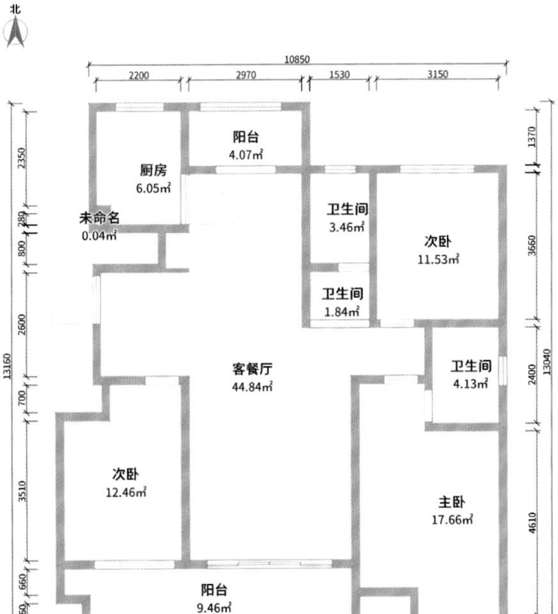

平面图（单位：mm）

SKYDANCE
PRODUCTIONS

073

北
10950
110
1900
880
6860
450
4660
12740
2100
3030
1170
1570
7580
11050
550
阳台
10.77㎡
主卧
18.58㎡
儿童房
10.18㎡
主卫
4.83㎡
客餐厅
33.01㎡
次卧
7.35㎡
卫生间
3.93㎡
厨房
7.39㎡
470
2660
3450
1560
1370
10950

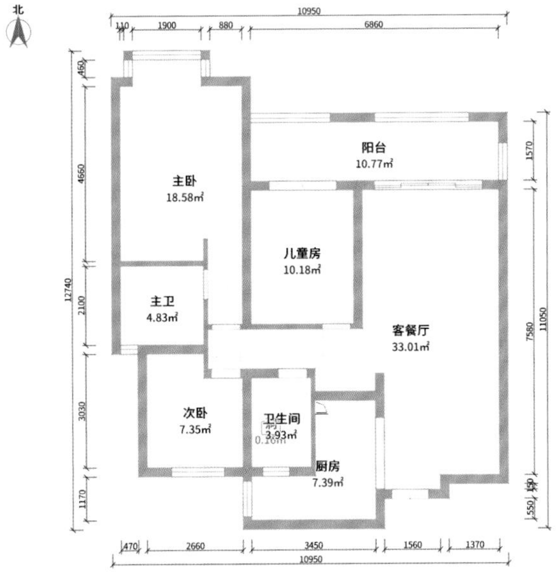

平面图（单位：mm）

073-a

073-b

扫码观看本案例更多空间

SKYDANCE
PRODUCTIONS
THE FASHION BOOK
074

074-a

074-b

扫码观看本案例更多空间

北

6460
2020
185
1935
1330
主卧
11.26㎡
榻榻米
6.68㎡
卧室
9.37㎡
卫生间
3.87㎡
客餐厅
20.82㎡
厨房
6.67㎡
阳台
2.48㎡
210
4040
10720
4570
810
3570
1640
9810
900
3090
2390
3060
150
960
7450

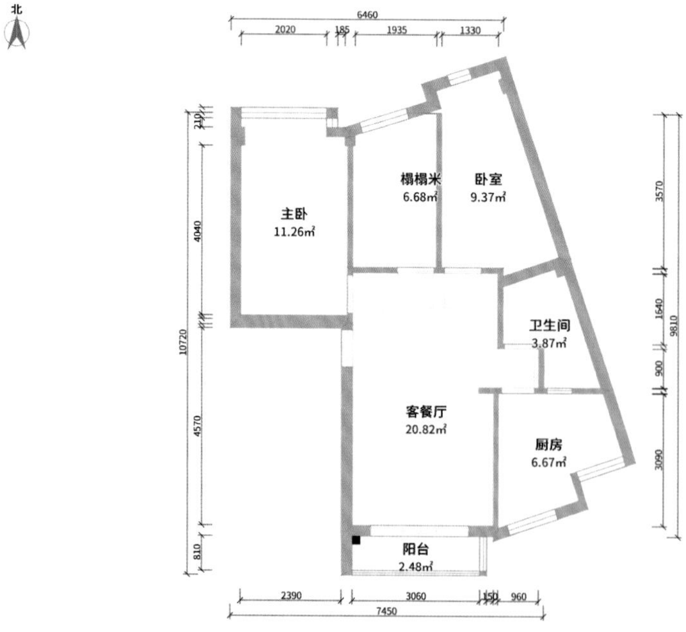

平面图（单位：mm）

SKYDANCE
PRODUCTIONS
075

北
15430
370
3070
1850
2715
3370
1870
570
阳台
3.23㎡
厨房
5.71㎡
步入式衣柜
10.62㎡
卫生间
4.07㎡
儿童房
9.55㎡
卫生间
2.07㎡
门厅
2.75㎡
卫生间
6.04㎡
客餐厅
48.45㎡
次卧
9.99㎡
娱乐室
6.84㎡
主卧
23.08㎡
阳台
6.31㎡
3460
2360
2770
1395
470
11745
2970
1470
12260
5400
1270
2470
630
2150
630
2970
4970
15430

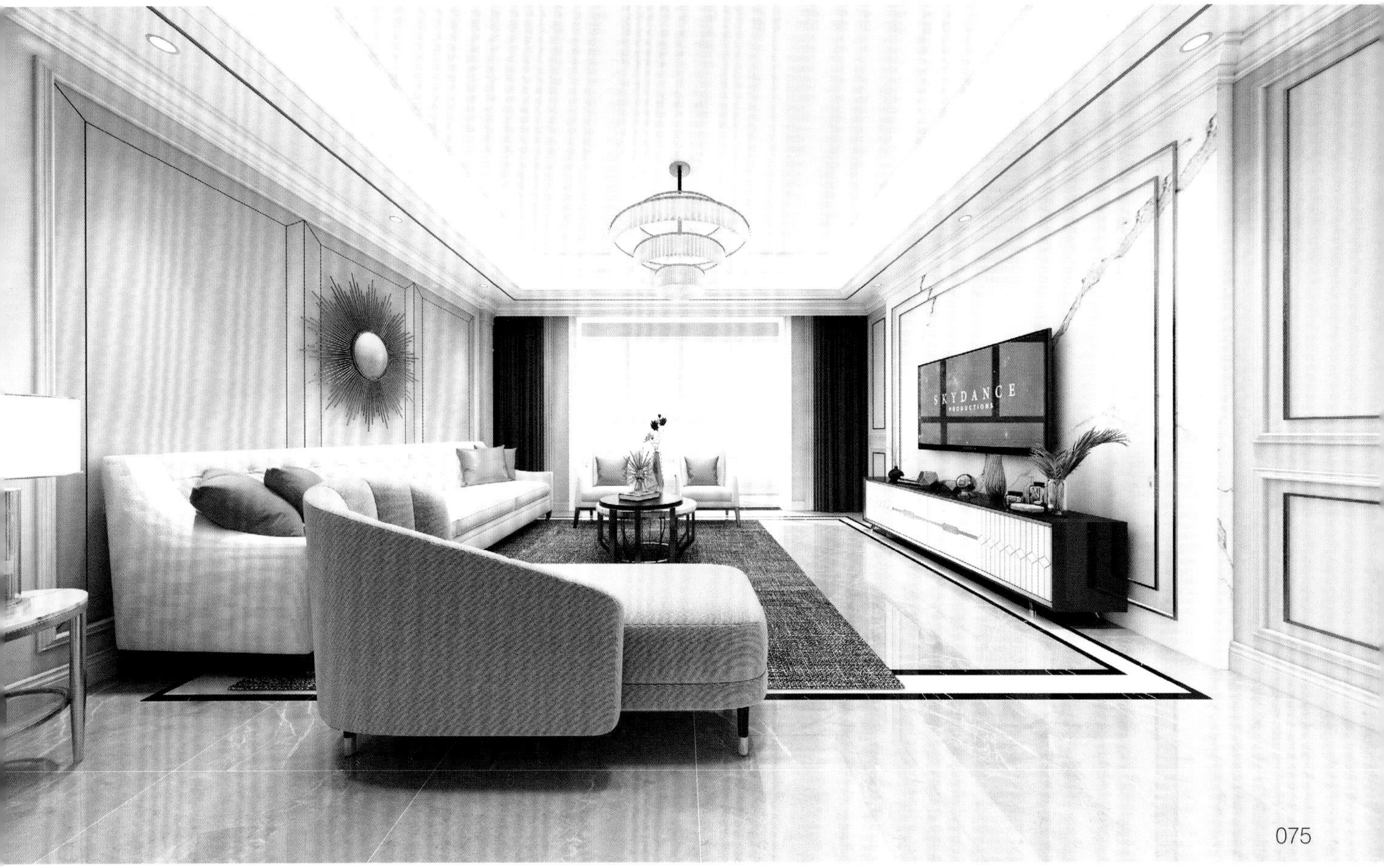

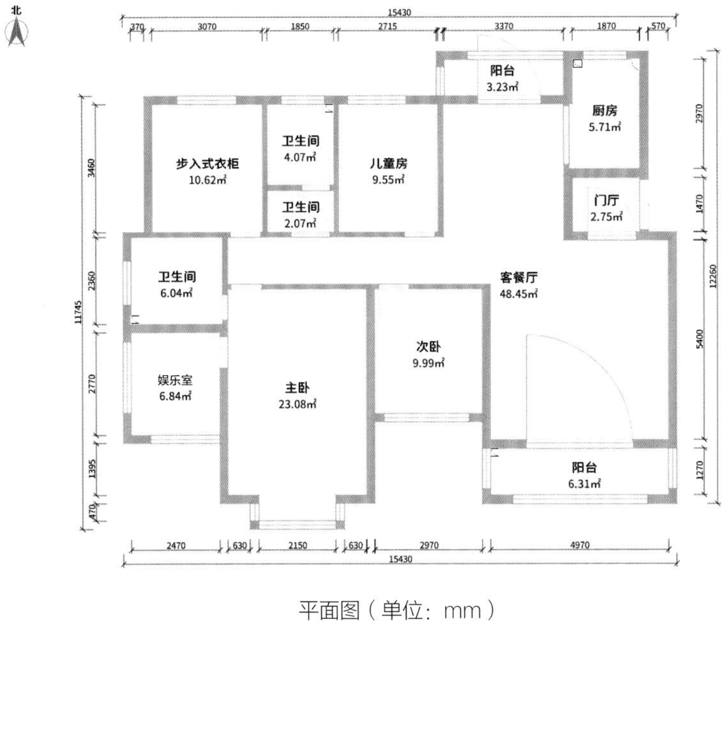

平面图（单位：mm）

075-a

075-b

扫码观看本案例更多空间

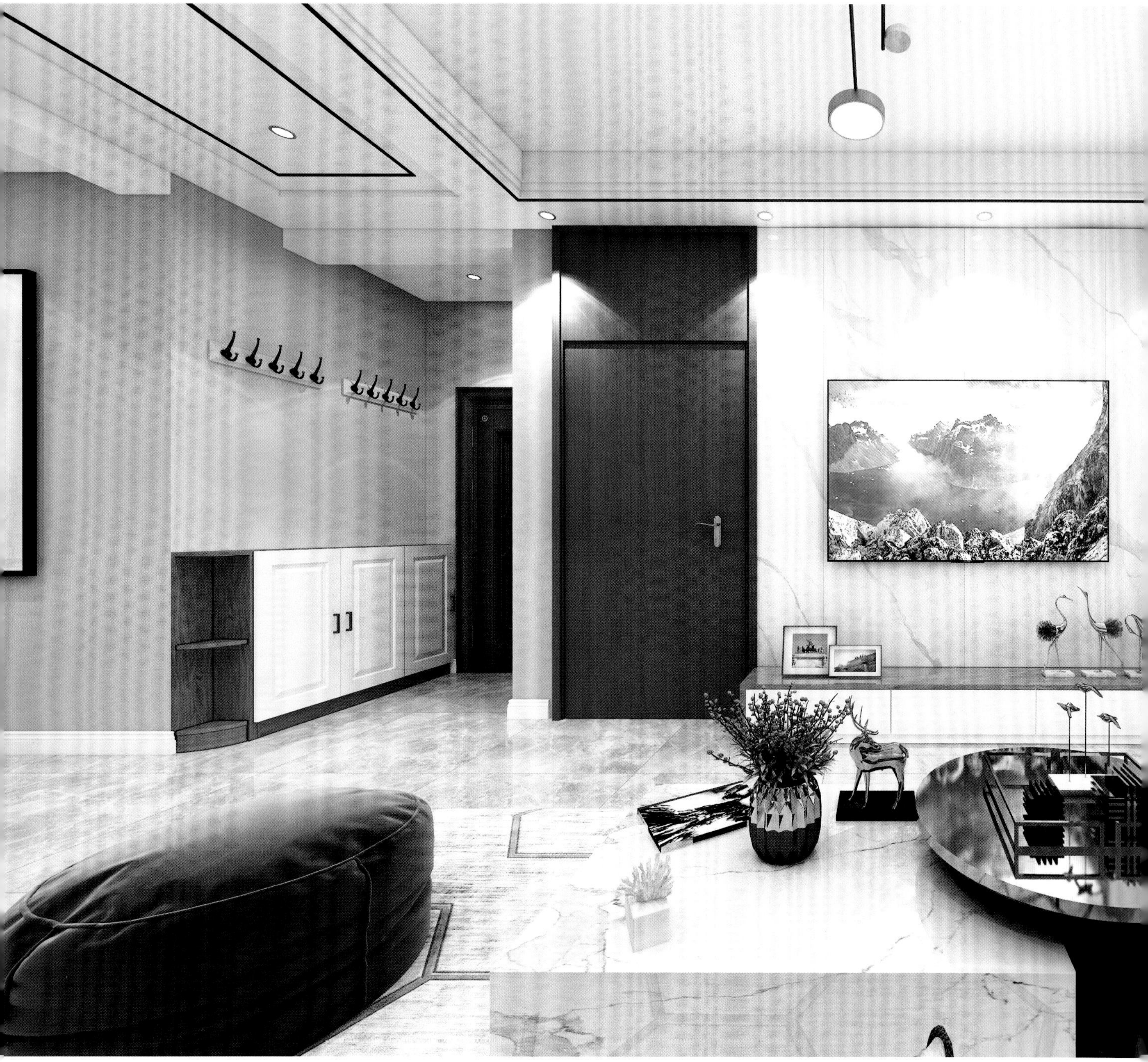

076

076-a

076-b

扫码观看本案例更多空间

北
13466
1270
3618
1563
1649
2701
1265
卫生间
3.42㎡
卫生间
2.17㎡
主卧
13.17㎡
次卧
8.22㎡
未命名
0.01㎡
阳台
3.48㎡
客餐厅
35.53㎡
阳台
7.98㎡
厨房
4.31㎡
次卧
9.58㎡
未命名
0.03㎡
3342
10569
5950
477
672
2774
9157
2754
1570
440
630
3057
709
1270
2018
1930
1265
13466

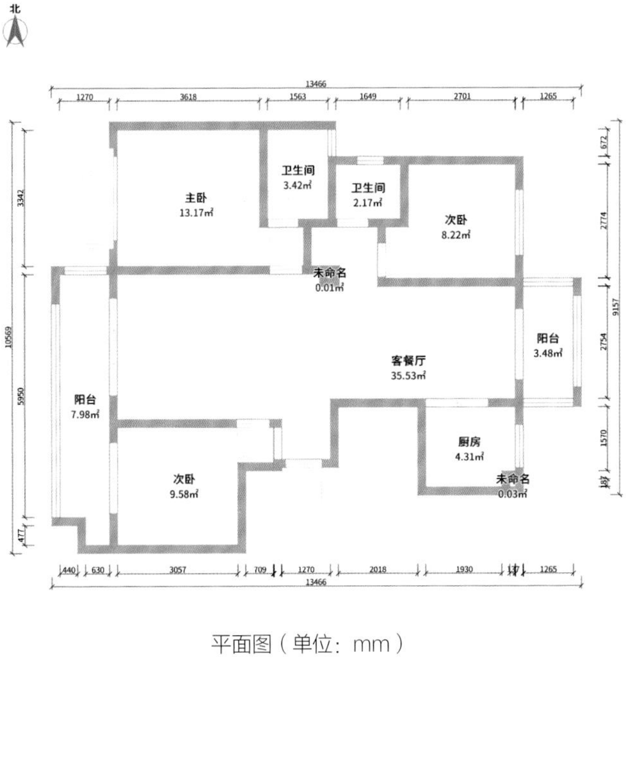

平面图（单位：mm）

077

077-a

077-b

扫码观看本案例更多空间

北

11760
2000
3000
3070
2690
厨房
5.18㎡
未命名
0.02㎡
次卧
10.62㎡
次卧
9.15㎡
卫生间
1.54㎡
卫生间
3.62㎡
卫生间
4.68㎡
客餐厅
45.86㎡
主卧
16.48㎡
阳台
5.07㎡
2313
137
14333
9653
1230
1069
3400
1510
12879
1830
4030
4124
3630
1006
9560

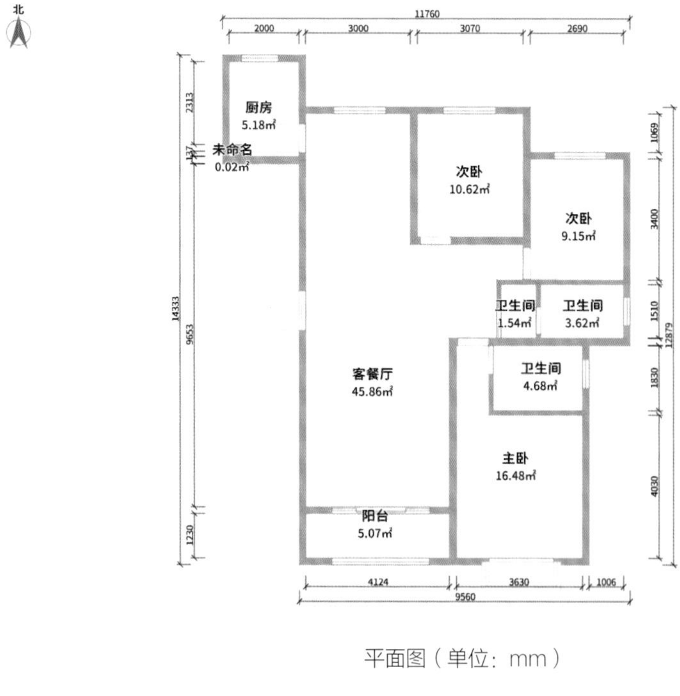

平面图（单位：mm）

SKYDANCE
PRODUCTIONS

078

北

12230
30
3470
1700
2201
3151
279
卫生间
3.57㎡
卫生间
4.62㎡
主卧
13.73㎡
次卧
9.14㎡
阳台
5.08㎡
客餐厅
34.71㎡
厨房
4.75㎡
未命名
0.03㎡
次卧
10.18㎡
3370
4000
2880
11050
279
2900
1990
170
440
2000
9170
1270
3220
710
1560
2000
1703
167
12230

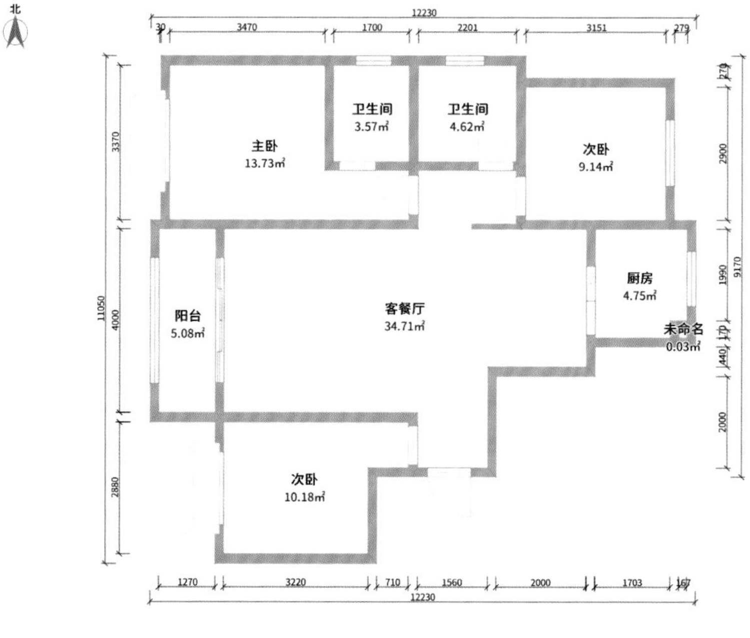

平面图（单位：mm）

078-a

078-b

扫码观看本案例更多空间

079

079-a

079-b

扫码观看本案例更多空间

北
13764
3259
3766
1965
3774
1249
2761
8328
1303
313
1502
1290
3369
2869
次卧
9㎡
卫生间
4.14㎡
主卧
13.66㎡
客餐厅
34.54㎡
厨房
4.62㎡
未命名
0.04㎡
次卧
11.12㎡
阳台
3.91㎡
2318
2591
3434
3876
1363
15125

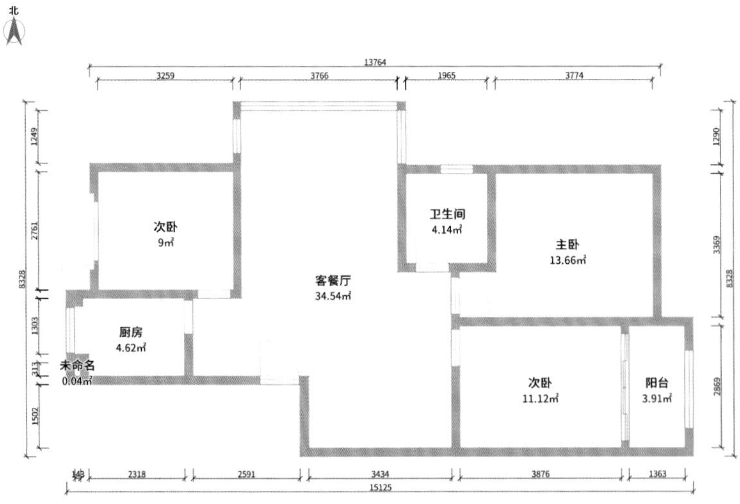

平面图（单位：mm）

080

北
10790
920
2310
3300
3260
厨房
4.12㎡
次卧
10.63㎡
卫生间
4.4㎡
客餐厅
31.61㎡
次卧
11.57㎡
主卧
12.29㎡
阳台
3.46㎡
1250
1810
1480
10536
3670
1126
3260
2200
10030
3770
3070
3660
3260
10790

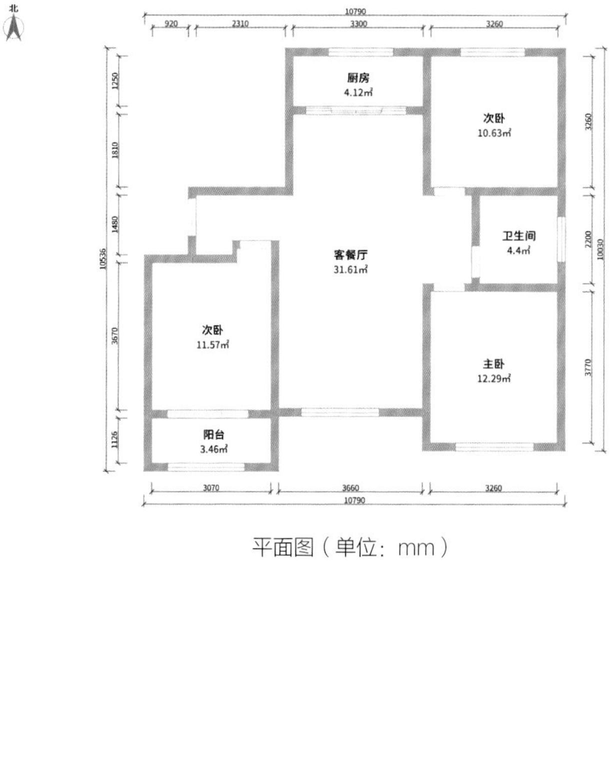

平面图（单位：mm）

080-a

080-b

扫码观看本案例更多空间

DP·HOME
081

081-a

081-b

扫码观看本案例更多空间

北
10180
3117
2849
180
3194
未命名
0.05㎡
厨房
6.91㎡
书房
12.62㎡
卧室
12.59㎡
卫生间
3.94㎡
客餐厅
41.86㎡
卫生间
3.73㎡
卧室
16.27㎡
阳台
6.38㎡
928
4049
3348
4613
1635
15773
3942
1980
1781
4246
1515
3901
3392
7773
平面图（单位：mm）

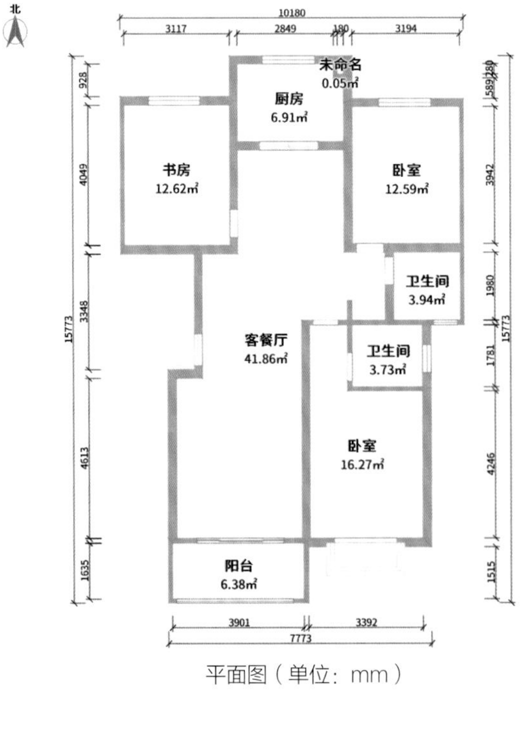

SKYDANCE
PRODUCTIONS
082

北
5852
884
2337
1280
未命名
0.01㎡
次卧
7.66㎡
厨房
5.05㎡
卫生间
2㎡
卫生间干区
1.17㎡
次卧
8.74㎡
客餐厅
27.55㎡
卫生间
2.26㎡
主卧
11.48㎡
露台（无顶）
5.37㎡
3278
1129
3688
1420
3831
971
15717
3125
812
3623
4474
1658
2732
3238
6571

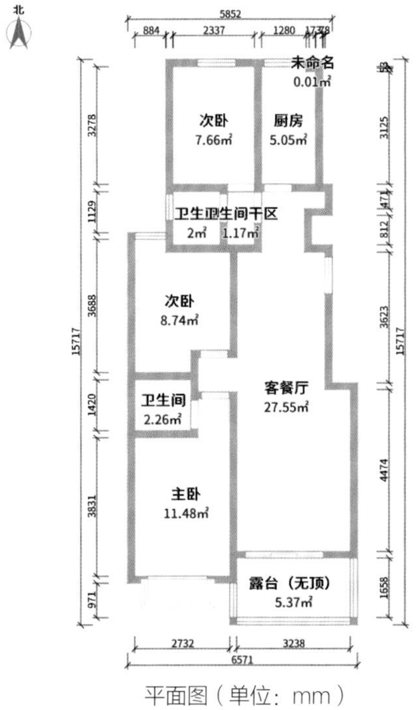

平面图（单位：mm）

082-a

082-b

扫码观看本案例更多空间

083

083-a

083-b

扫码观看本案例更多空间

北
13433
1269
4823
5019
835
195
次卧
14.73㎡
主卧
15.37㎡
未命名
0.05㎡
客餐厅
43.36㎡
厨房
6.13㎡
卫生间
5.84㎡
阳台
3.83㎡
次卧
10.73㎡
3270
11029
3970
2970
3270
9662
3235
1964
1288
3264
570
3939
2972
13433

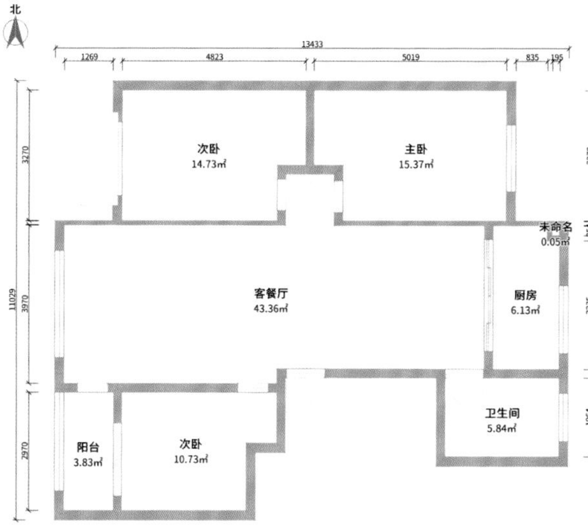

平面图（单位：mm）

084

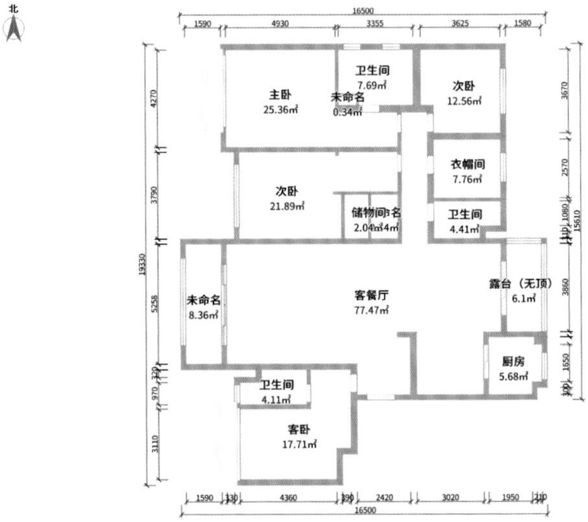
北
16500
1590
4930
3355
3625
1580
主卧
25.36㎡
卫生间
7.69㎡
未命名
0.34㎡
次卧
12.56㎡
衣帽间
7.76㎡
次卧
21.89㎡
储物间
2.04㎡
卫生间
4.41㎡
未命名
8.36㎡
客餐厅
77.47㎡
露台（无顶）
6.1㎡
厨房
5.68㎡
卫生间
4.11㎡
客卧
17.71㎡
4270
3790
5258
970
3110
19330
3670
2570
1080
3860
1650
15610
1590
4360
2420
3020
1950
16500

平面图（单位：mm）

SKYDANCE
PRODUCTIONS
ARCHITECTURE
085

北
14385
3975
4226
1165
2862
837
1322
2775
3298
8355
1675
1756
7709
3438
卫生间
4.79㎡
卧室
12.39㎡
厨房
4.83㎡
卧室
11.03㎡
未命名
0.1㎡
客餐厅
34.78㎡
阳台
4.31㎡
卧室
14.53㎡
卫生间
2.68㎡
未命名
0.05㎡
1307
3787
1181
172
7711
15358

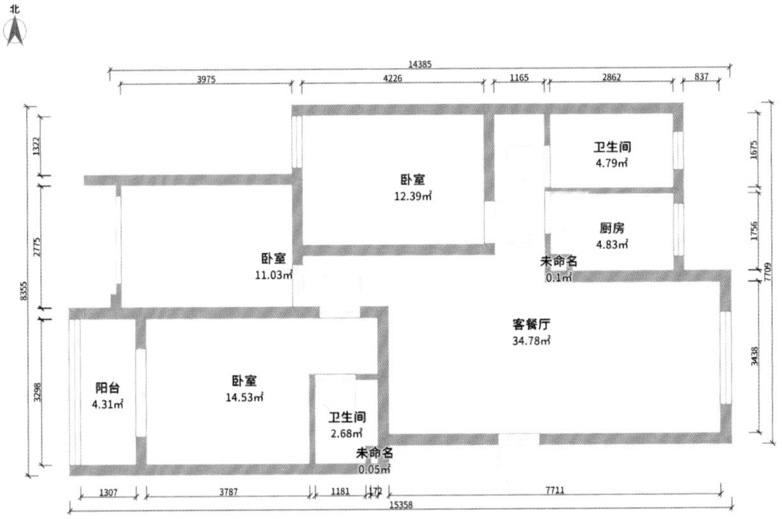

平面图（单位：mm）

085-a

085-b

扫码观看本案例更多空间

SKYDANCE
PRODUCTIONS
086

086-a

086-b

扫码观看本案例更多空间

北
阳台
5.35㎡
次卧
9.01㎡
主卧
12.87㎡
客餐厅
27.09㎡
次卧
10.83㎡
卫生间
4.24㎡
卫生间
3.11㎡
厨房
5.58㎡
阳台
2.25㎡

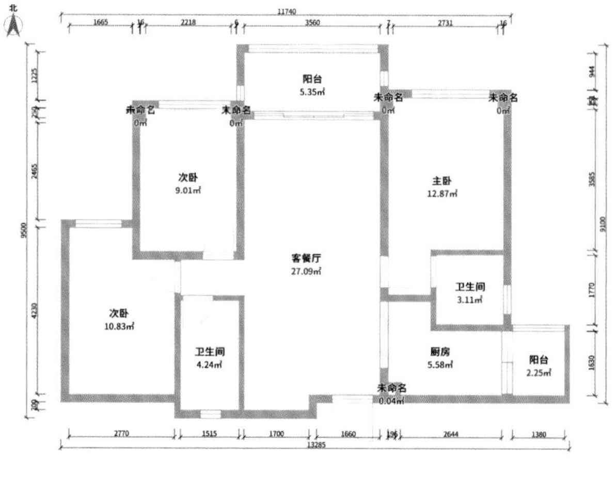

平面图（单位：mm）

087

北
12960
101
3674
1564
50
2709
3462
1182
3506
9444
3956
3304
2239
120
11417
1772
2682
未命名
0.03㎡
次卧
8.95㎡
次卧
11.44㎡
卫生间
4.04㎡
主卧
14.83㎡
客餐厅
35.92㎡
厨房
5.5㎡
未命名
0.05㎡
阳台
5.65㎡
卫生间
3.14㎡
卫生间
3.85㎡
次卧
7.95㎡
1427
5219
1251
2966
897
12960

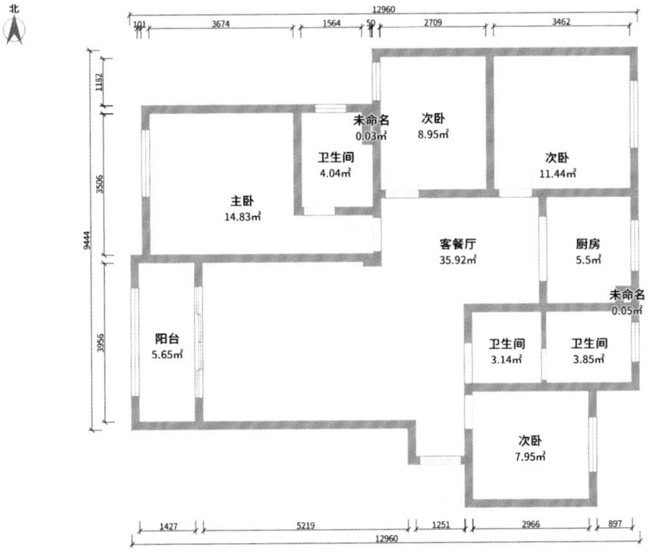

平面图（单位：mm）

087-a

087-b

扫码观看本案例更多空间

SKYDANCE
PRODUCTIONS

088

北
9870
570
3170
3020
2020
次卧
厨房
卫生间
卫生间
客餐厅
次卧
主卧
阳台
阳台
3100
1550
1670
11910
4640
2684
776
470
1630
12280
3720
830
380
1870
1400
3834
2626
450
11350

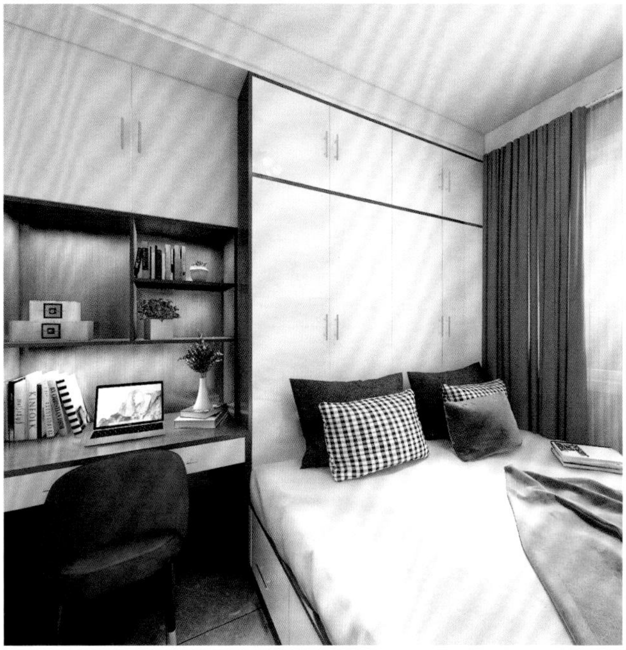

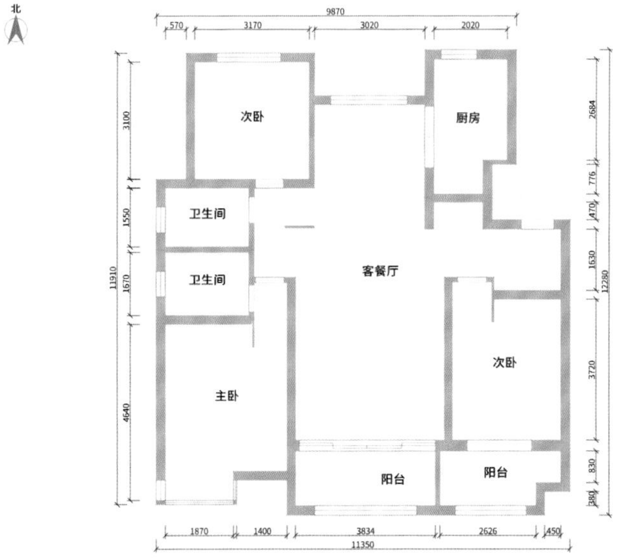

平面图（单位：mm）

088-a

088-b

扫码观看本案例更多空间

089

089-a

089-b

扫码观看本案例更多空间

北
13130
540
3910
2520
3940
740
卫生间
3.75㎡
未命名
0.11㎡
主卧
11.65㎡
书房
10.83㎡
未命名
1.07㎡
卫生间
1.66㎡
卫生间
3.78㎡
客餐厅
54.43㎡
自定义
1.29㎡
次卧
11.88㎡
未命名
0.6㎡
未命名
0.04㎡
630
4096
394
3220
3015
13130

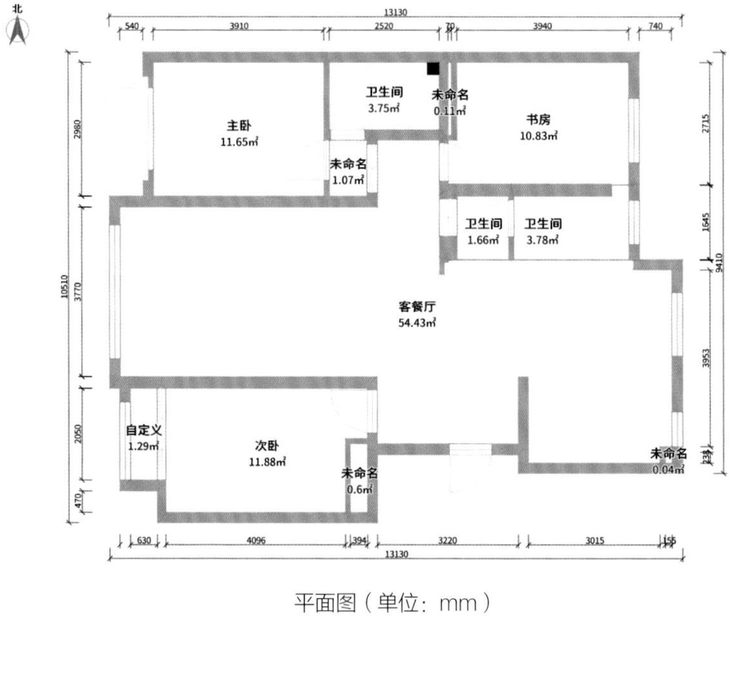

平面图（单位：mm）

090

北
13320
1330
5960
4635
395
次卧
10.8㎡
阳台
5.01㎡
客餐厅
34.7㎡
厨房
4.9㎡
主卧
16.28㎡
卫生间
4.27㎡
卫生间
4.27㎡
次卧
9.68㎡
3770
8183
3813
2330
2580
9523
2888
725
660
3800
1830
1830
3350
450
13320

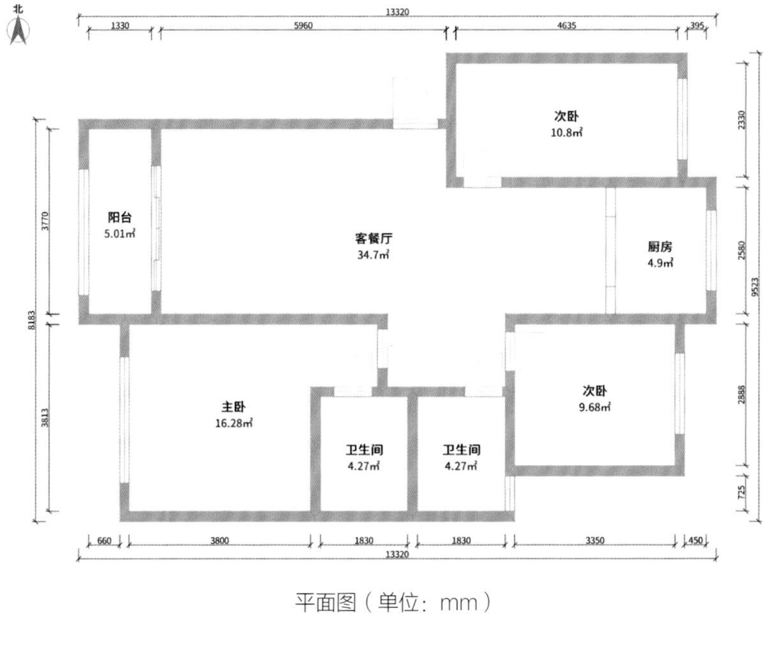

平面图（单位：mm）

090-a

090-b

扫码观看本案例更多空间

SKYDANCE
PRODUCTIONS
091

091-a

091-b

扫码观看本案例更多空间

北
11134
1022
3200
1768
4224
主卧
14.05㎡
卫生间
3.97㎡
次卧
11.26㎡
未命名
0.04㎡
厨房
3.69㎡
客餐厅
30.42㎡
阳台
4.5㎡
未命名
0.07㎡
次卧
9.89㎡
未命名
0.24㎡
1713
2105
3513
1608
9939
1621
1231
1827
1112
1120
9286
4120
1634
3670
525
10954

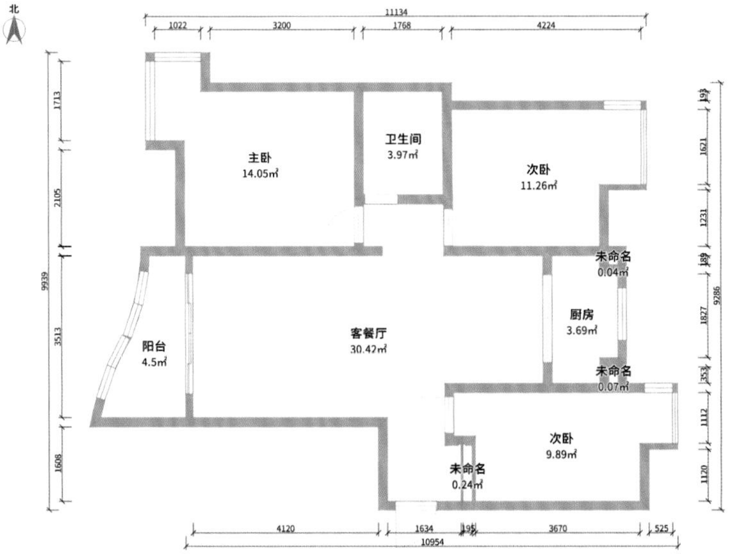

平面图（单位：mm）

092

北
7145
908
2037
2514
686
厨房
3.94㎡
未命名
0.05㎡
次卧
8.29㎡
卫生间
3.99㎡
卫生间
3.83㎡
未命名
0.03㎡
客餐厅
31.74㎡
主卧
16.83㎡
次卧
11.43㎡
阳台
8.28㎡
1993
4817
13414
3998
620
487
3300
1586
1529
13414
4297
1306
487
6014
3400
10700

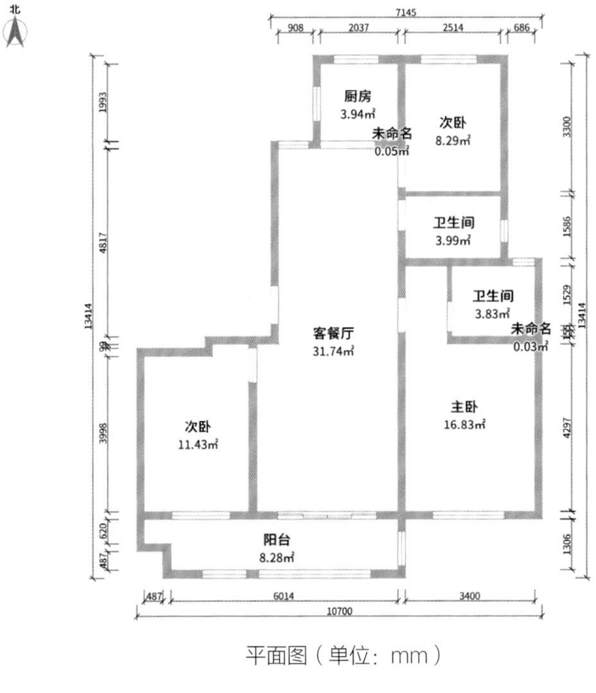

平面图（单位：mm）

092-a

092-b

扫码观看本案例更多空间

SKYDANC
PRODUCTIONS

093-a

093-b

扫码观看本案例更多空间

北
11523
4528
1416
4241
338
主卧
14.7㎡
卫生间
2.55㎡
次卧
13.77㎡
未命名
0.01㎡
客餐厅
32.35㎡
厨房
6.45㎡
阳台
4.37㎡
阳台
3.31㎡
次卧
11.82㎡
卫生间
2.53㎡
卫生间
4.01㎡
3247
3638
2775
10460
3247
9316
3557
1634
1192
3958
370
1416
1550
2454
375
12915

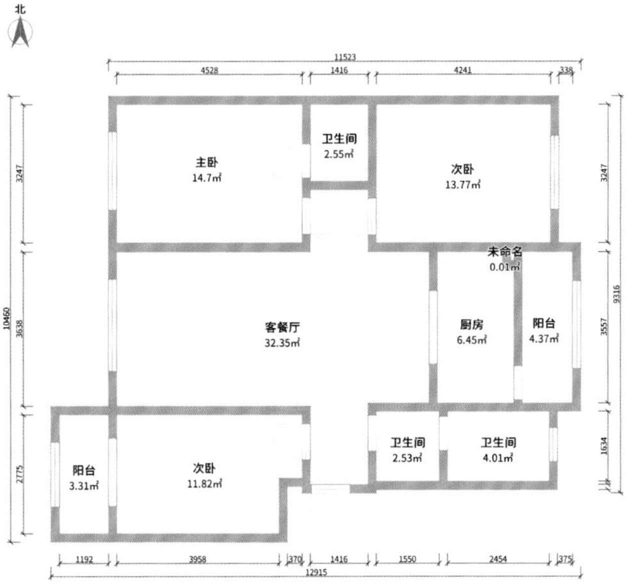

平面图（单位：mm）

094

094-a

094-b

扫码观看本案例更多空间

北
12020
680
3120
3414
3098
498
未命名
0.1㎡
次卧
11.42㎡
卫生间
4.11㎡
客餐厅
55.15㎡
卫生间
3.06㎡
步入式衣柜
3.8㎡
主卧
17.99㎡
书房
14.19㎡
未命名
0.07㎡
阳台
9.78㎡
未命名
0.03㎡
1100
3660
1280
1589
3771
700
13340
1705
4520
4124
1300
3700
7700
12000

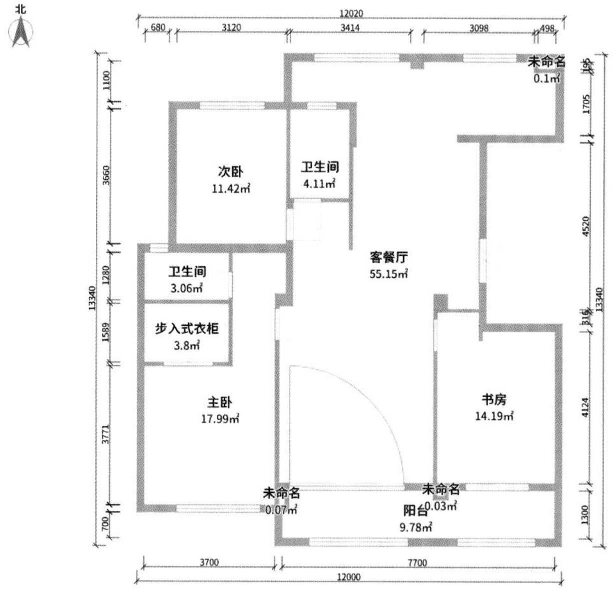

平面图（单位：mm）

095

095-a

095-b

扫码观看本案例更多空间

北
12269
3362
1380
161
4891
1256
未命名
0.03㎡
卫生间
3.86㎡
主卧
17.54㎡
男孩房
9.64㎡
未命名
0.79㎡
未命名
0.05㎡
厨房
6.58㎡
客餐厅
36.61㎡
阳台
4.72㎡
阳台
0.78㎡
卫生间
3.08㎡
女孩房
12.05㎡
575
2771
281
9887
3368
1684
2717
629
3754
11285
622
2111
2023
900
1779
1963
2674
1256
12269

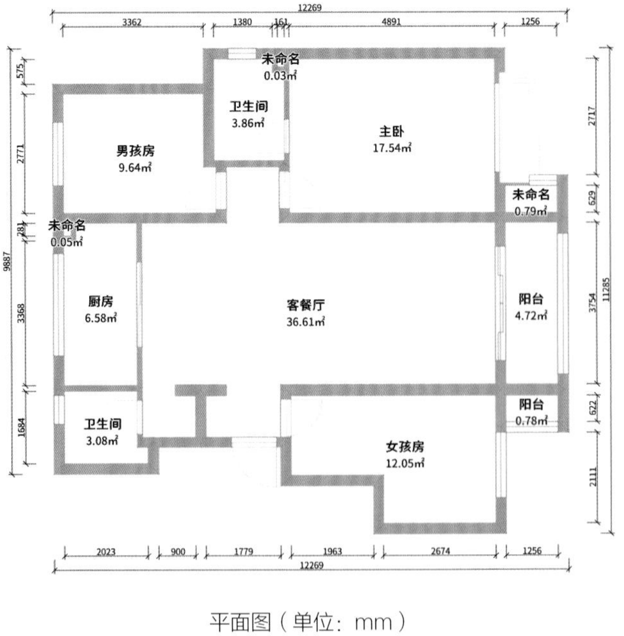

平面图（单位：mm）

096

北
10665
3450
5812
483
次卧
9.53㎡
主卧
17.51㎡
卫生间
4.75㎡
客餐厅
42.91㎡
未命名
0.02㎡
厨房
4.09㎡
未命名
0.1㎡
书房
9.47㎡
2870
1533
9488
2420
1570
3275
10835
6140
450
2374
281
1570
460
2940
1020
300
10665

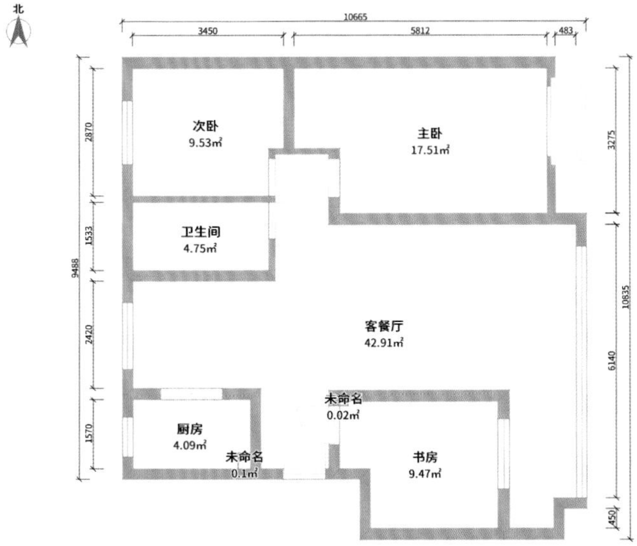

平面图（单位：mm）

096-a

096-b

扫码观看本案例更多空间

097

097-a　　097-b

扫码观看本案例更多空间

北
12497
740
3290
195
1359
3768
1544
82
未命名
0.12㎡
卫生间
2.73㎡
主卧
12.54㎡
次卧
10.95㎡
卫生间
1.76㎡
卫生间
3.26㎡
未命名
0.06㎡
未命名
0.02㎡
阳台
5.19㎡
客餐厅
35.77㎡
厨房
6.42㎡
次卧
11.06㎡
3376
3990
2980
11146
3116
1400
2050
410
1810
10756
1300
3710
1277
2830
1770
210
12497

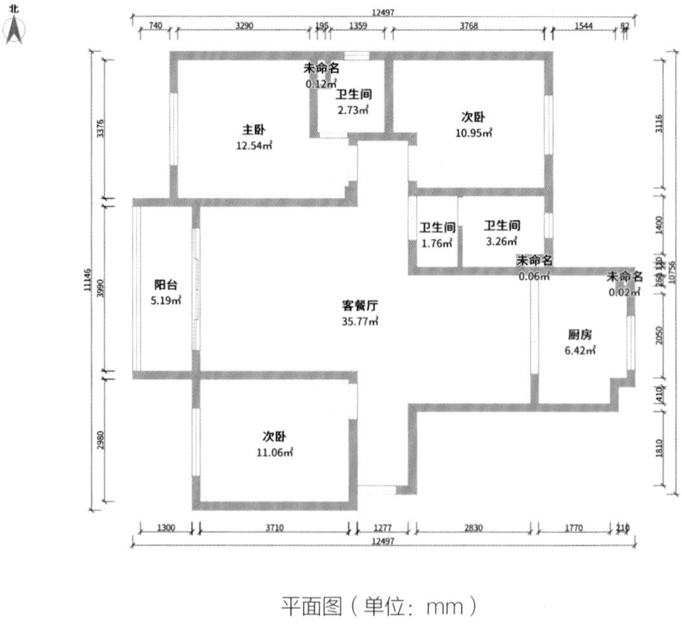

平面图（单位：mm）

098

北
12510
2700
1360
1250
2000
4000
客餐厅
30.09㎡
厨房
5.53㎡
次卧
10.5㎡
次卧
7.2㎡
卫生间
2.77㎡
主卧
12.38㎡
3700
7645
3345
2050
6545
3000
290
3500
2400
1500
3700
12510

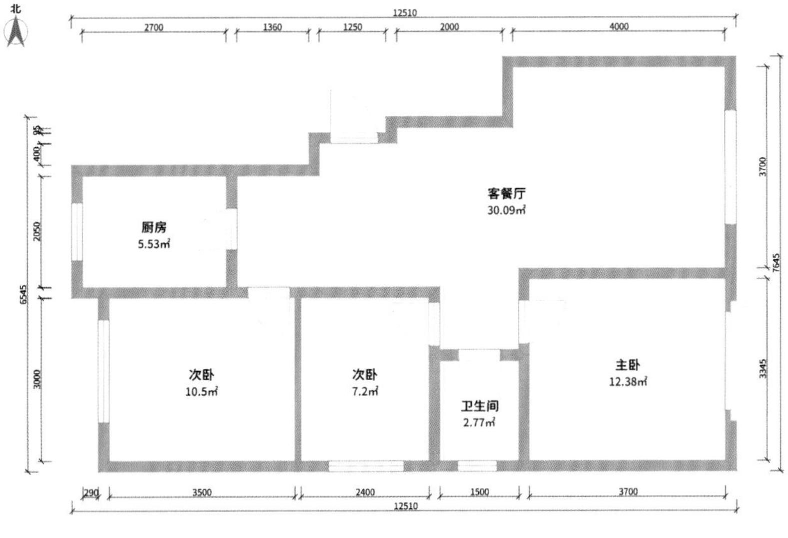

平面图（单位：mm）

098-a

098-b

扫码观看本案例更多空间

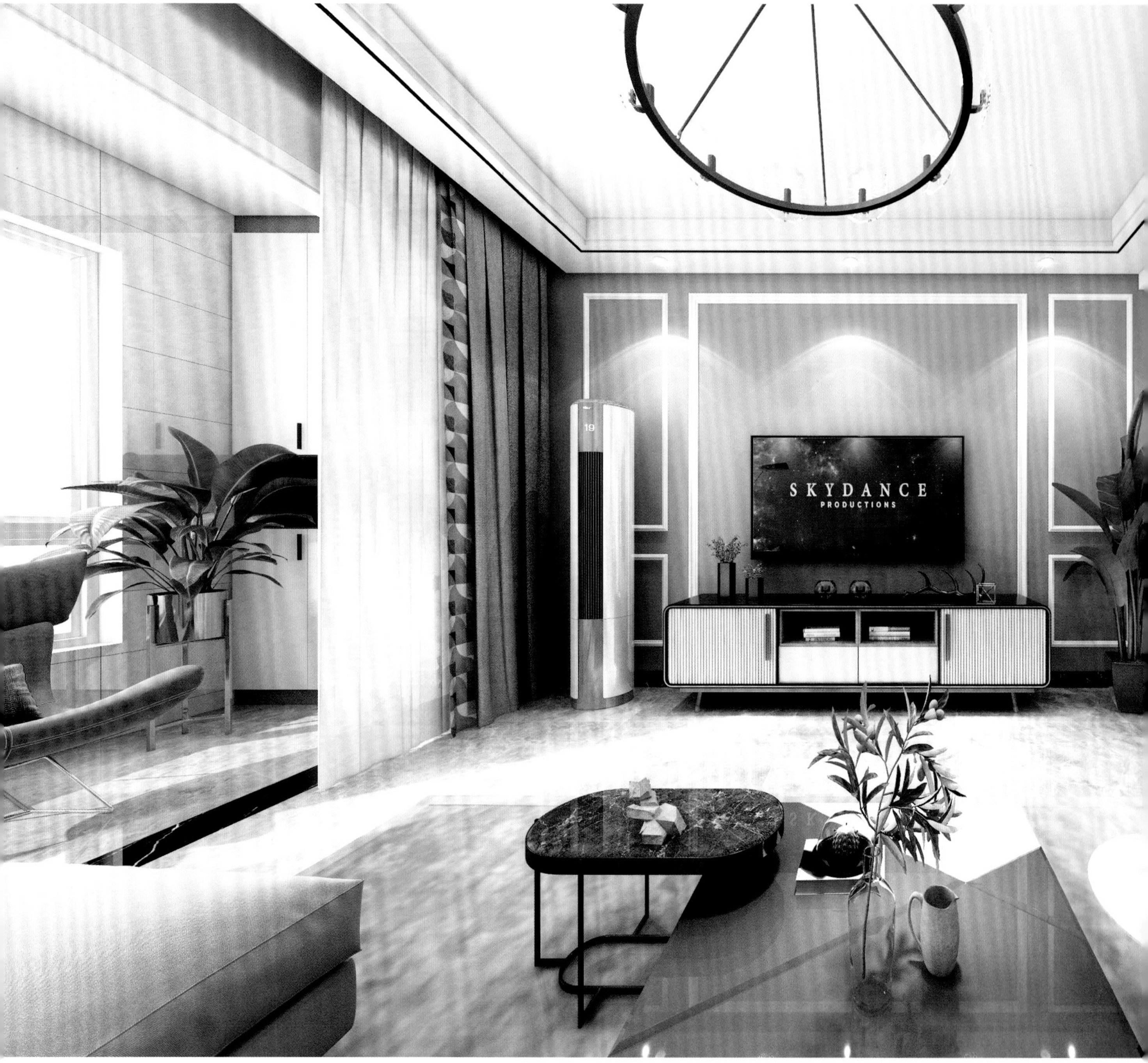
19
SKYDANCE
PRODUCTIONS

099

099-a

099-b

扫码观看本案例更多空间

北
11850
3960
3650
3440
890
2850
8390
3850
2740
1830
7690
2320
书房
10㎡
次卧
9.43㎡
主卧
11.29㎡
卫生间
4.25㎡
客餐厅
35.38㎡
阳台
5.2㎡
厨房
5.33㎡
未命名
0.03㎡
1350
3960
4770
180
2090
13400

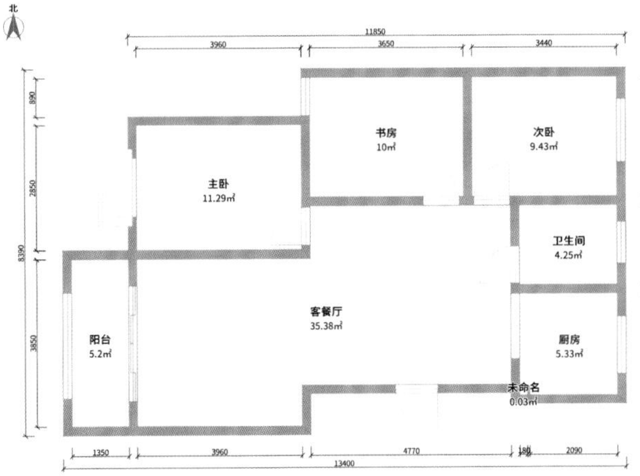

平面图（单位：mm）

100

14070
1600
3850
1710
2470
2760
卫生间
4.53㎡
卫生间
3.78㎡
次卧
10.94㎡
主卧
16.75㎡
客餐厅
43.38㎡
阳台
6.42㎡
阳台
3.28㎡
厨房
7.04㎡
次卧
11.05㎡
3860
4010
2770
11600
880
3380
2760
1965
10185
1600
3990
1770
1310
470
2860
14070

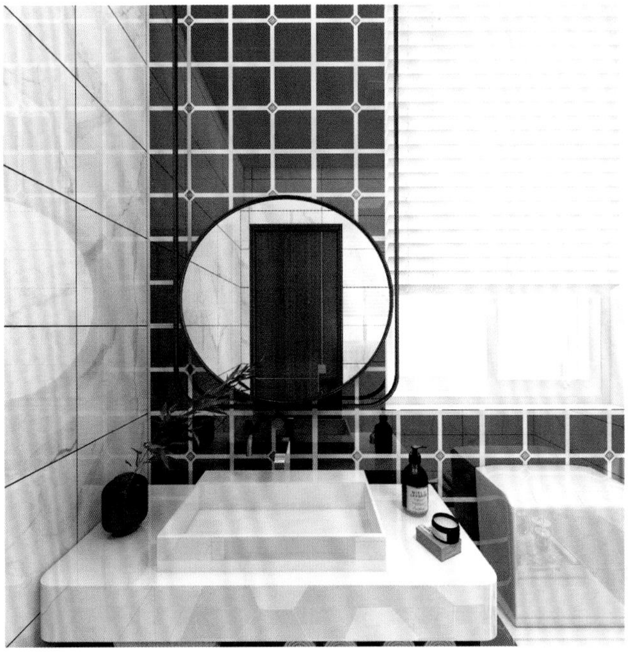

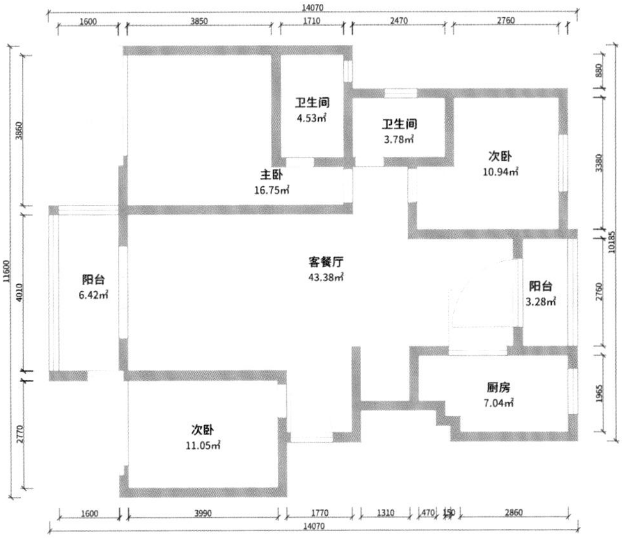

平面图（单位：mm）

100-a

100-b

扫码观看本案例更多空间

101

101-a

101-b

扫码观看本案例更多空间

北

9483
563
2605
3115
585
1175
次卧
7.96㎡
厨房
4.79㎡
卫生间
4.56㎡
客餐厅
32.14㎡
主卧
14.7㎡
次卧
9.7㎡
阳台
6.27㎡
3056
2139
4350
1097
11842
1539
3656
889
3221
584
3379
670
5413
364
10906

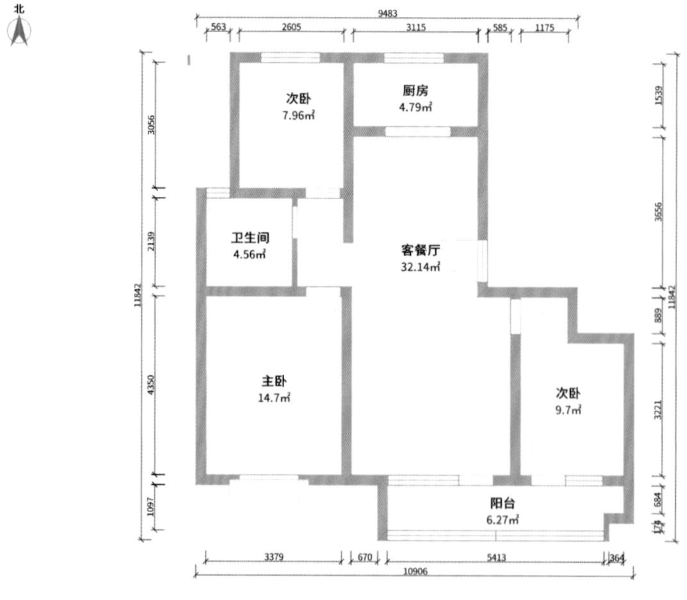

平面图（单位：mm）

SKYDANCE
PRODUCTIONS
102

102-a

102-b

扫码观看本案例更多空间

北
9291
1946
1285
1566
374
2840
未命名
0.09㎡
卫生间
3.57㎡
卧室
10.47㎡
客餐厅
29.2㎡
未命名
0.05㎡
厨房
4.28㎡
卧室
14.86㎡
阳台
4.16㎡
993
1280
11452
6765
1234
3685
1430
11229
2804
1717
3372
1285
2796
8373

平面图（单位：mm）

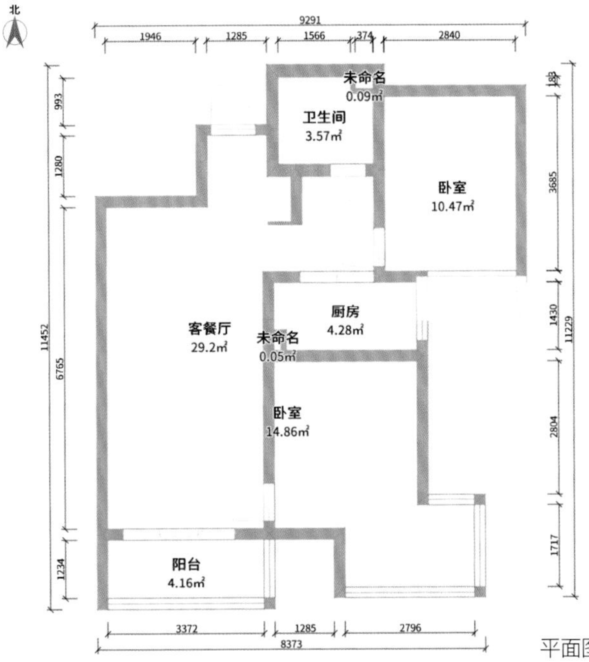

103

103-a

103-b

扫码观看本案例更多空间

北
8440
1250
3280
2950
步入式衣柜
4.6㎡
阳台
3.84㎡
主卧
10.07㎡
儿童房
8.14㎡
客厅
21.55㎡
餐厅
7.58㎡
厨房
4.88㎡
过道
4.05㎡
次卧
8.17㎡
卫生间
3.03㎡
洗手间干区
1.5㎡
2074
1146
1303
2950
8440

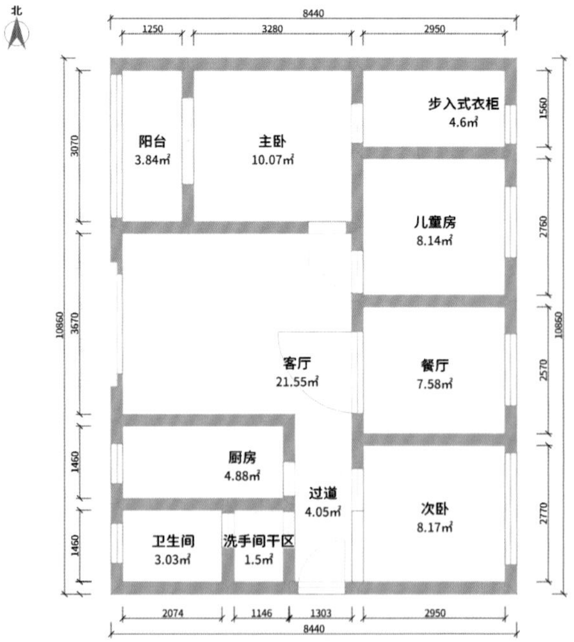

平面图（单位：mm）

SKYDANCE
104

北

10885
3467
2195
4390
卫生间
4.68㎡
主卧
15.87㎡
次卧
9.64㎡
次卧
12.67㎡
卫生间
5.54㎡
客餐厅
40.24㎡
阳台
5.88㎡
生活阳台
6.13㎡
厨房
5.82㎡
未命名
0.01㎡
未命名
0.08㎡
1590
2780
1553
5195
380
12865
3370
2780
3970
1585
12865
1040
2446
200
1775
3570
1480
12245

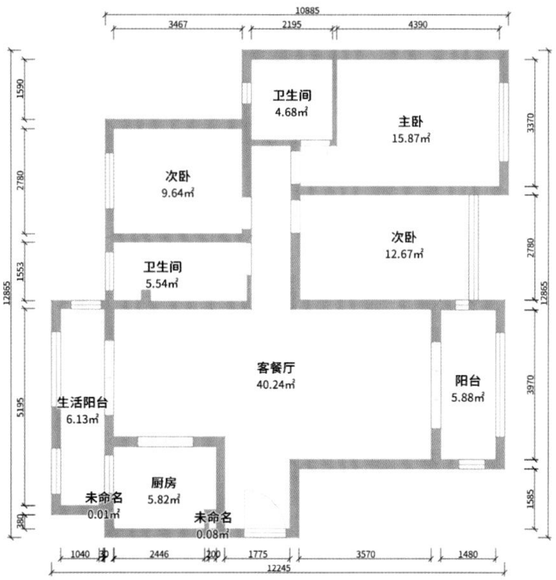

平面图（单位：mm）

104-a

104-b

扫码观看本案例更多空间

105

105-a

105-b

扫码观看本案例
更多空间

北
10731
1350
160
1750
1550
3060
1461
300
770
10810
7450
1290
2650
8000
4740
卫生间
4.12㎡
次卧
8.14㎡
卫生间
3.89㎡
客餐厅
33.21㎡
次卧
9.76㎡
主卧
16.69㎡
阳台
4.64㎡
3600
2750
3521
10731

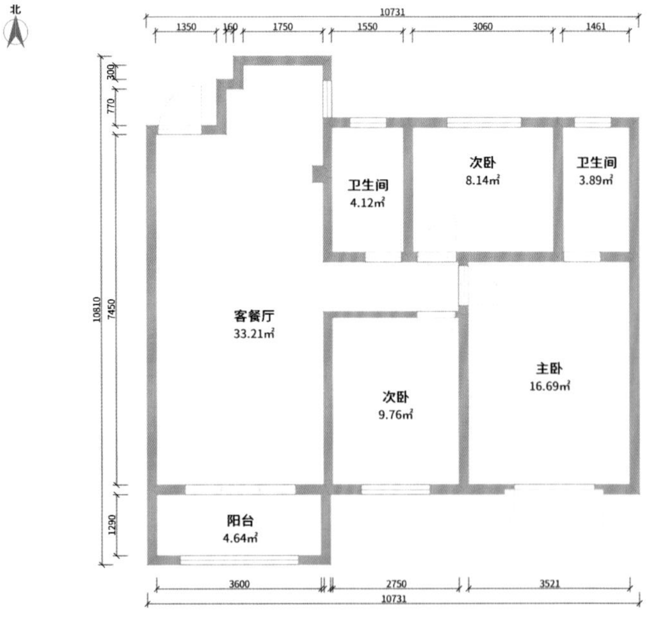

平面图（单位：mm）

106

北
13135
3038
4949
4348
阳台
6.28㎡
男孩房
11.95㎡
主卧
16.49㎡
衣帽间
5.53㎡
客餐厅
58.56㎡
未命名
0.04㎡
卫生间
6㎡
卫生间
4.88㎡
未命名
0.03㎡
女孩房
10.49㎡
未命名
0.01㎡
未命名
0.03㎡
1269
3400
590
1200
1260
583
2774
12881
1269
3455
1800
1702
3366
12913
1206
3167
1582
2801
1347
11783

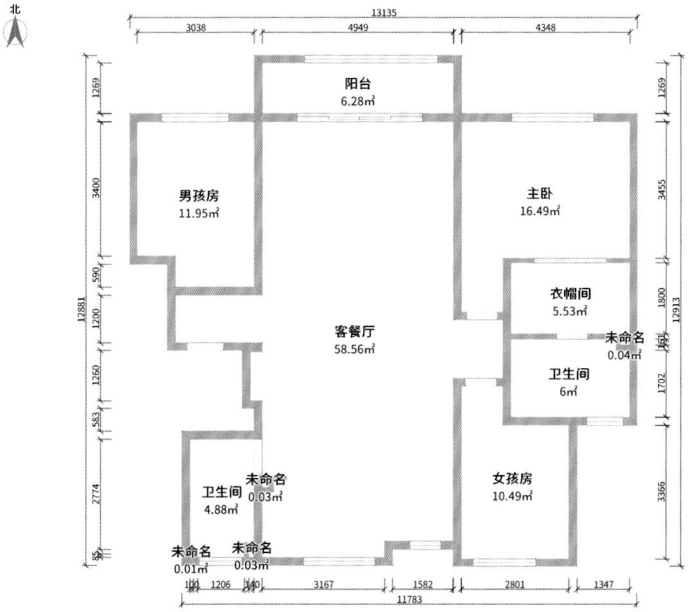

平面图（单位：mm）

106-a

106-b

扫码观看本案例更多空间

107

107-a

107-b

扫码观看本案例更多空间

北

11258
572
4400
2260
3186
主卧
14.95㎡
卫生间
5.01㎡
未命名
0.01㎡
次卧
11.52㎡
厨房
10.42㎡
阳台
4.45㎡
客餐厅
34.82㎡
次卧
9.62㎡
卫生间
4.02㎡
3400
4006
3917
12283
3397
2700
2600
1343
1569
12929
1112
3860
2046
2412
508
11258

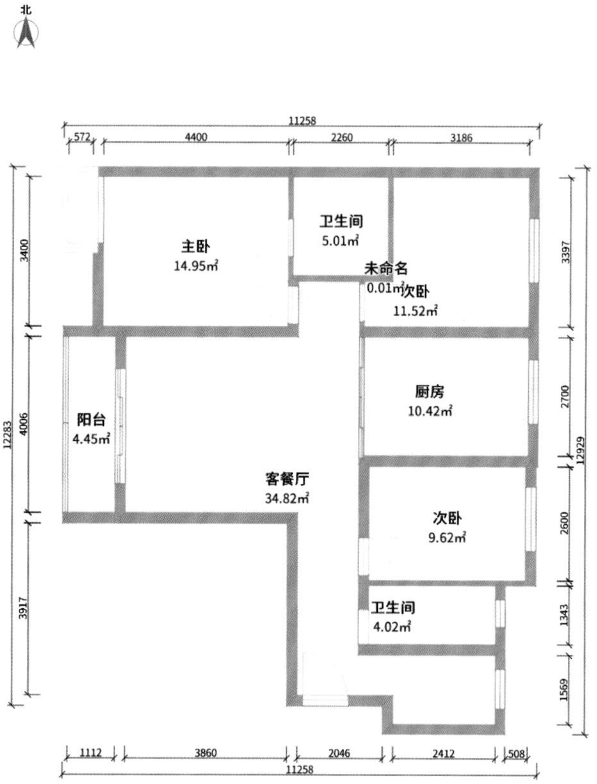

平面图（单位：mm）

108

108-a

108-b

扫码观看本案例更多空间

北
13940
320
700
4060
1870
2360
2670
410
未命名
0.09㎡
未命名
0.06㎡
主卧
16.68㎡
未命名
4.34㎡
未命名
3.71㎡
次卧
8.04㎡
过厅
1.88㎡
阳台
8.4㎡
客餐厅
41㎡
未命名
0.03㎡
厨房
6.07㎡
次卧
11.59㎡
250
7250
11180
2820
740
2770
9580
3090
1800
755
3635
860
4010
3370
13940

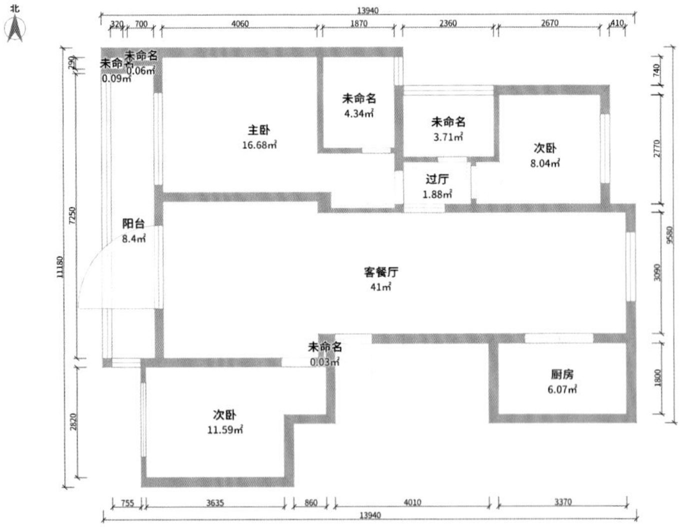

平面图（单位：mm）

109

北
12235
1312
3554
1790
3364
1015
卫生间
3.76㎡
主卧
13.43㎡
次卧
9.88㎡
客餐厅
30.31㎡
未命名
0.03㎡
阳台
4.49㎡
厨房
6.41㎡
次卧
17.21㎡
卫生间
3.64㎡
未命名
1.82㎡
3247
3547
3184
10778
1288
2938
2752
1863
737
10778
1265
5300
281
1252
1952
975
12235

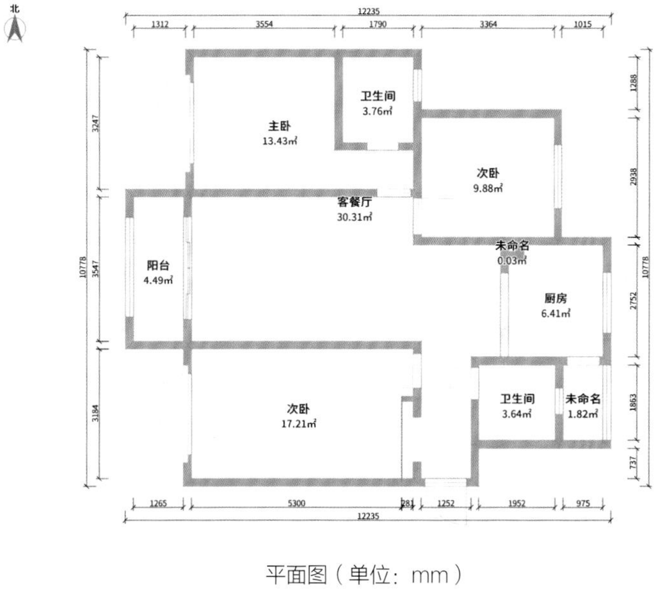

平面图（单位：mm）

109-a

109-b

扫码观看本案例更多空间

110

110-a

110-b

扫码观看本案例更多空间

北
16325
1570
5875
180
1900
4230
1330
次卧
10.15㎡
阳台
3.19㎡
阳台
6.02㎡
客餐厅
50.19㎡
儿童房
10.32㎡
阳台
3.25㎡
卫生间
2.49㎡
阳台
5.15㎡
主卧
16.14㎡
卫生间
3.17㎡
未命名
0.03㎡
1420
4390
1510
3315
2500
1030
3835
7725
3290
2400
2440
8930
1390
1445

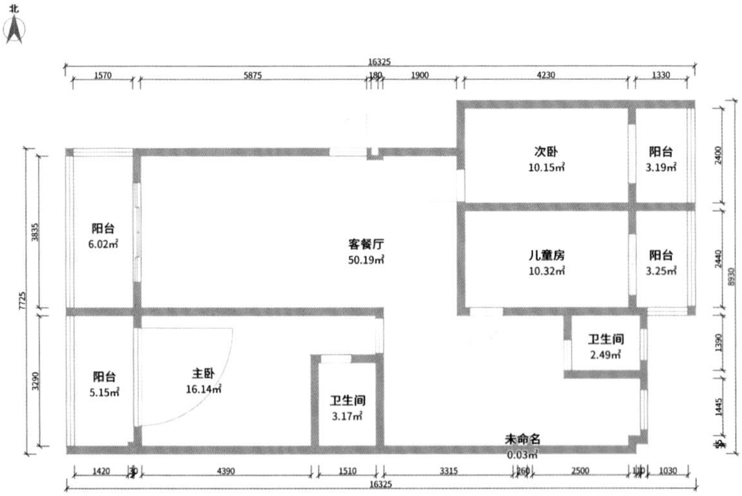

平面图（单位：mm）

SKYDANCE
111

北
11919
3037
1318
5142
1276
3175
2874
15565
8366
2007
2661
2986
13941
1880
3134
客餐厅
61.36㎡
客房
10.11㎡
老人房
11.71㎡
卫生间
3.88㎡
卫生间
5.4㎡
阳台
13.35㎡
主卧
17.08㎡
书房
9.7㎡
1600
3818
2978
680
2727
13803

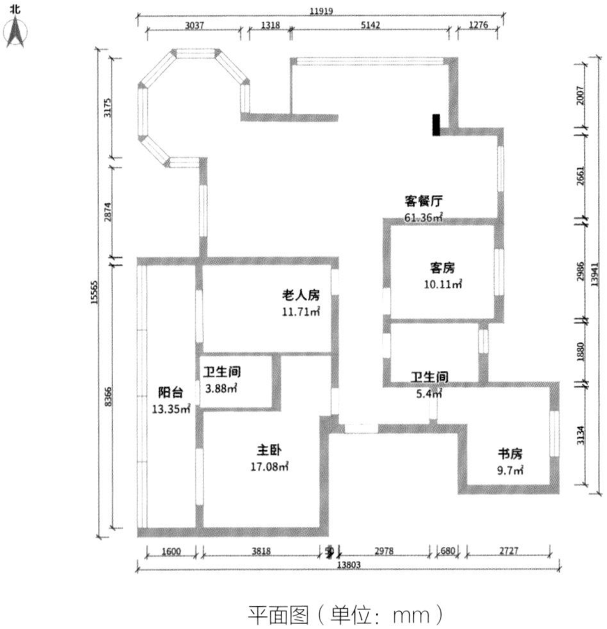

平面图（单位：mm）

111-a
111-b

扫码观看本案例更多空间

112

112-a　112-b

扫码观看本案例更多空间

北
9880
4270
3010
1730
卫生间
5.64㎡
主卧
16.59㎡
次卧
14.21㎡
次卧
9.15㎡
卫生间
4.94㎡
阳台
5.73㎡
客餐厅
41.89㎡
厨房
4.89㎡
3370
2900
4200
11340
1740
3000
1620
1205
2470
11340
1365
9445
1980
13530

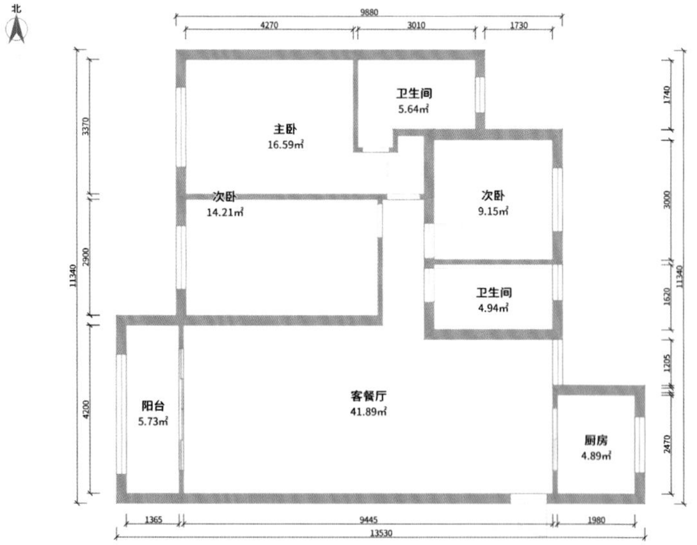

平面图（单位：mm）

113

北
10790
920
2310
3300
3260
厨房
4.12㎡
次卧
10.63㎡
卫生间
4.4㎡
客餐厅
31.61㎡
次卧
11.57㎡
主卧
12.29㎡
阳台
3.46㎡
1250
1810
1480
3670
1126
10536
3260
2200
3770
10030
3070
3660
3260
10790

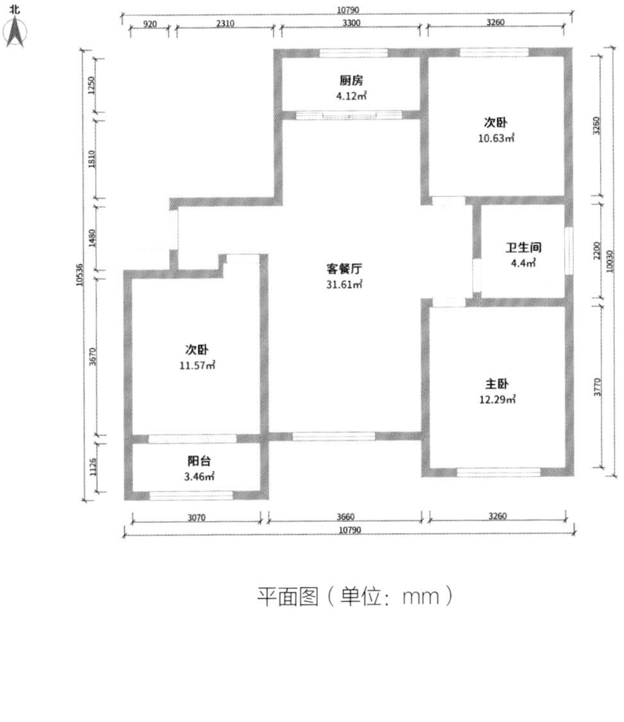

平面图（单位：mm）

113-a

113-b

扫码观看本案例更多空间

SKYDANCE
PRODUCTIONS
114

9090
1990
2665
375
2960
未命名
0.08㎡
厨房
6.41㎡
男孩房
10.83㎡
卫生间
2.89㎡
走廊
3.05㎡
卫生间
3.07㎡
客餐厅
37.33㎡
女孩房
11.43㎡
主卧
13.25㎡
阳台
3.54㎡
2080
2550
1460
640
3680
830
360
13510
3660
1740
1850
4050
12540
460
2070
3760
2960
10460

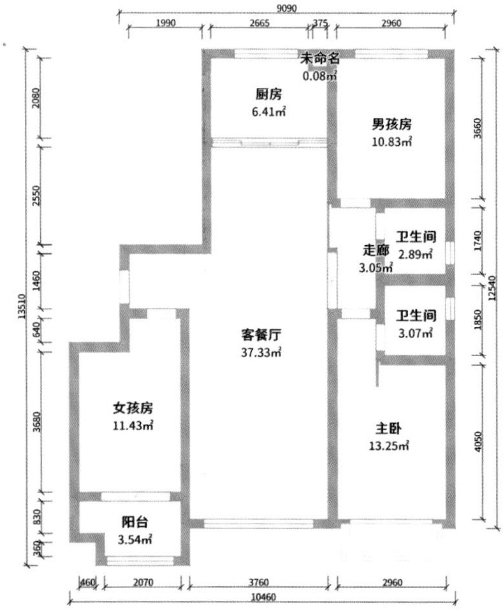

平面图（单位：mm）

114-a

114-b

扫码观看本案例更多空间

SKYDANCE
PRODUCTIONS
115

115-a
115-b

扫码观看本案例更多空间

北
8838
4158
1202
2880
衣帽间
2.6㎡
卫生间
4.8㎡
主卧
14.73㎡
次卧
8.88㎡
次卧
9.25㎡
走廊
5.88㎡
卫生间
4.49㎡
阳台
6.37㎡
客餐厅
30.92㎡
未命名
0.21㎡
厨房
6.14㎡
3370
1065
1165
500
4060
11130
1665
2870
1575
2979
1866
12115
1570
5538
660
2797
11858

平面图（单位：mm）

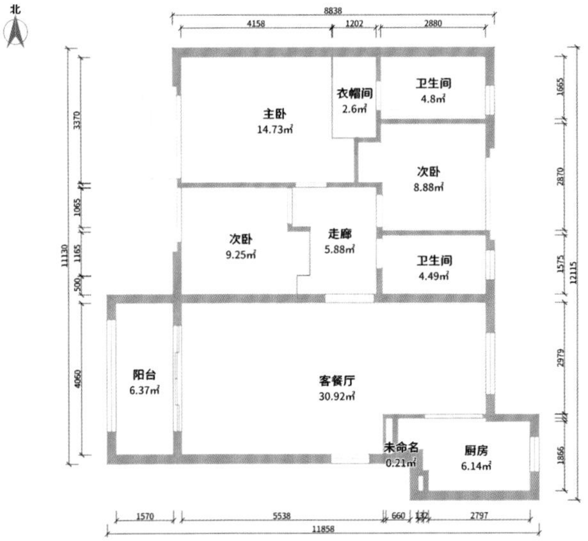

116

EUROPE

北
主卧
15.89㎡
卫生间
4.18㎡
次卧
14.9㎡
阳台
6.15㎡
客餐厅
49.94㎡
厨房
5.71㎡
次卧
10.1㎡
走廊
3.25㎡
卫生间
9.02㎡

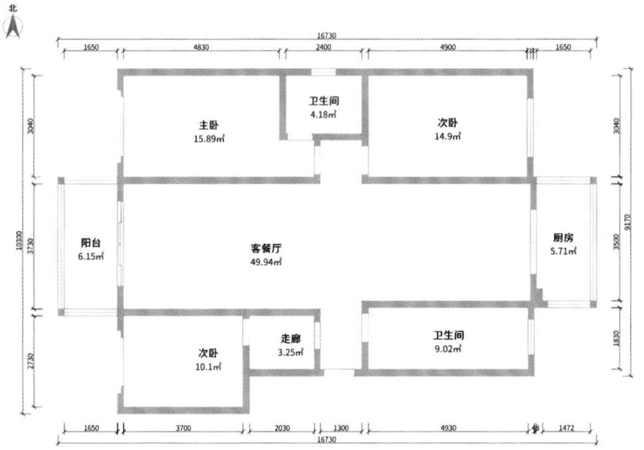

平面图（单位：mm）

116-a

116-b

扫码观看本案例更多空间

117
SKYDANCE
PRODUCTIONS

117-a

117-b

扫码观看本案例更多空间

北
12241
380
3726
1784
2069
3070
卫生间
3.87㎡
次卧
10.7㎡
卫生间
4.01㎡
主卧
15.03㎡
次卧
10.29㎡
阳台
7.99㎡
客餐厅
38.38㎡
玄关
10.71㎡
未命名
0.05㎡
厨房
5.95㎡
1290
3470
9780
4060
3180
2665
12180
5435
1969
6501
2811
1970
14450

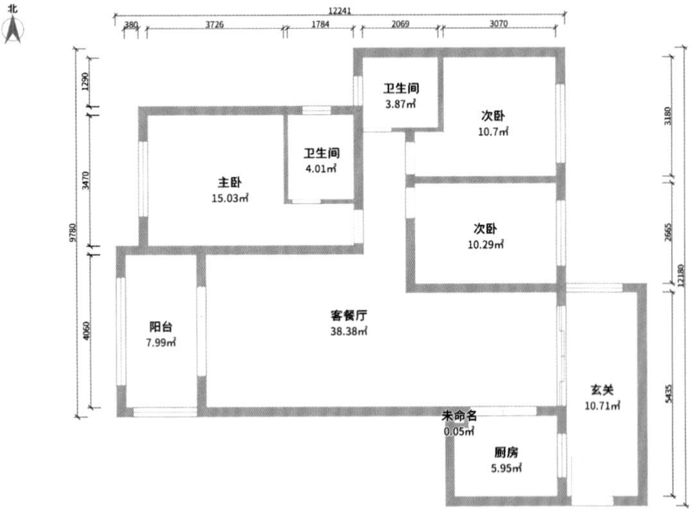

平面图（单位：mm）

118

北

10322
2835
1469
1466
2566
907
次卧
9.72㎡
卫生间
2.56㎡
厨房
4.06㎡
卫生间
1.5㎡
未命名
0.07㎡
卫生间
3.81㎡
客餐厅
31.94㎡
次卧
9.04㎡
主卧
14.04㎡
阳台
9.33㎡
3430
2201
4233
10544
2027
5604
9898
1467
2289
629
347
6057
10322

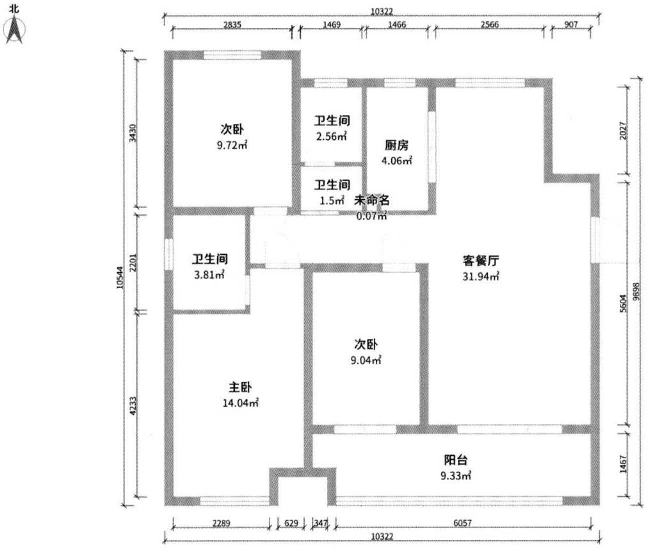

平面图（单位：mm）

118-a

118-b

扫码观看本案例更多空间

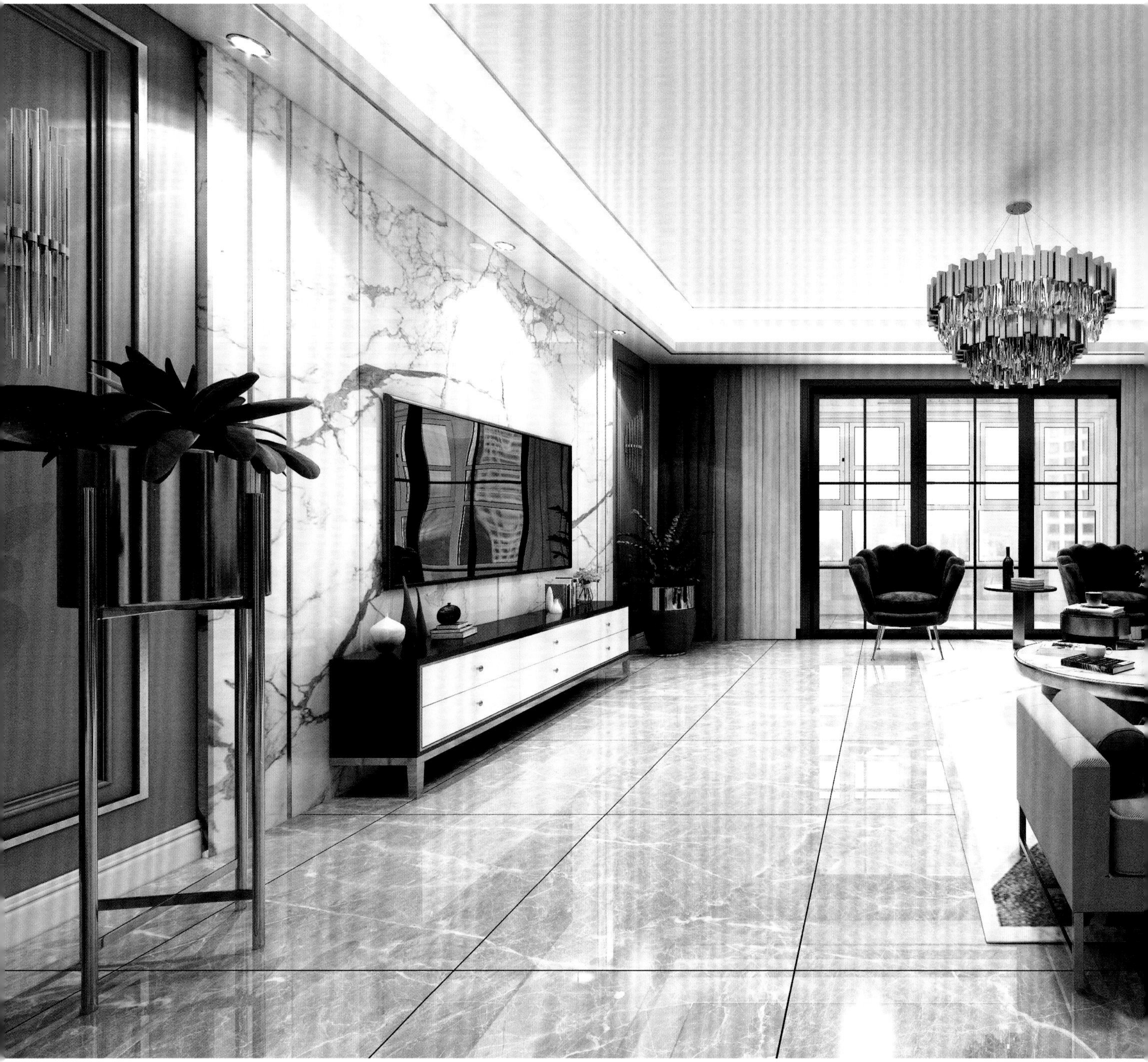

119

119-a

119-b

扫码观看本案例更多空间

北
12714
3935
1500
1155
3571
1353
次卧
13.14㎡
卫生间
2.76㎡
卫生间
2.12㎡
主卧
13.69㎡
阳台
4.52㎡
次卧
10.73㎡
次卧
13.37㎡
卫生间
4.14㎡
卫生间
1.81㎡
客餐厅
53.13㎡
阳台
9.01㎡
厨房
3.52㎡
厨房
4.24㎡
3340
2726
1560
2649
11275
3340
2715
12587
5732
1330
1600
4934
4912
1571
15387

平面图（单位：mm）

SKYDANCE
PRODUCTIONS

北
9300
350
1850
2800
3400
阳台
3.64㎡
未命名
0.08㎡
厨房
5.15㎡
次卧
10.24㎡
卫生间
3.96㎡
客餐厅
35.61㎡
卫生间
3.52㎡
主卧
14.93㎡
次卧
9.99㎡
阳台
8.16㎡
1301
220
1980
2100
1193
857
3100
700
400
13601
2802
1800
1600
3700
1300
12103
500
5900
3500
10600

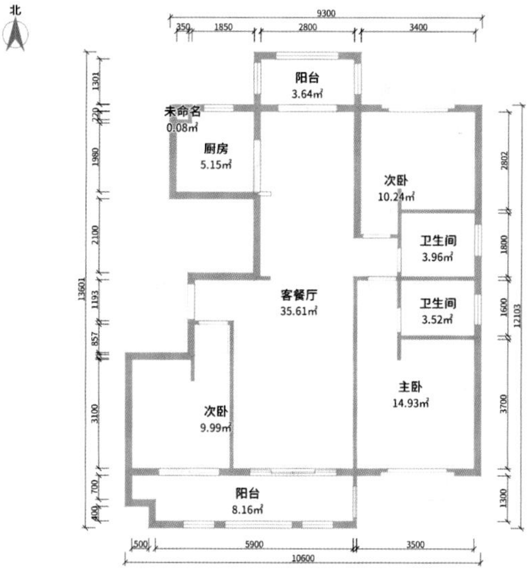

平面图（单位：mm）

120

120-a

120-b

扫码观看本案例更多空间

121

121-a

121-b

扫码观看本案例更多空间

8947
1748
2836
2484
979
阳台
3.03㎡
厨房
5.97㎡
次卧
7.73㎡
走廊
2.7㎡
卫生间
4.21㎡
客餐厅
34.59㎡
次卧
11.15㎡
主卧
12.37㎡
阳台
8.95㎡
3418
1429
1327
460
3683
1450
13027
1070
3110
1994
3962
1450
13027
6169
3122
10352

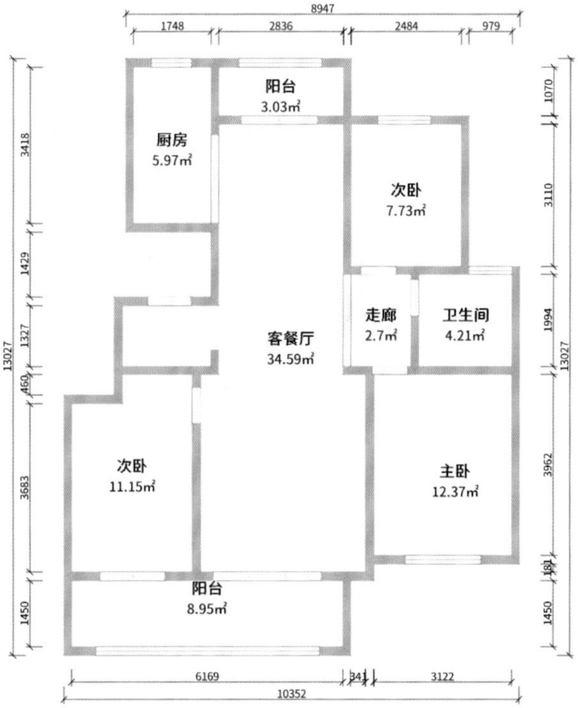

平面图（单位：mm）

122

122-a

122-b

扫码观看本案例更多空间

北
13000
3480
2190
1380
4300
300
卫生间
3.68㎡
干区
2.32㎡
卧室
9.99㎡
客餐厅
3.93㎡
主卧
13.23㎡
阳台
4.27㎡
厨房
6.41㎡
客餐厅
33.91㎡
厨房
1.51㎡
卧室
10.58㎡
7231
2869
2430
969
361
1480
550
3651
9940
170
2050
1560
1761
1399
2630
840
4300
1170
15640

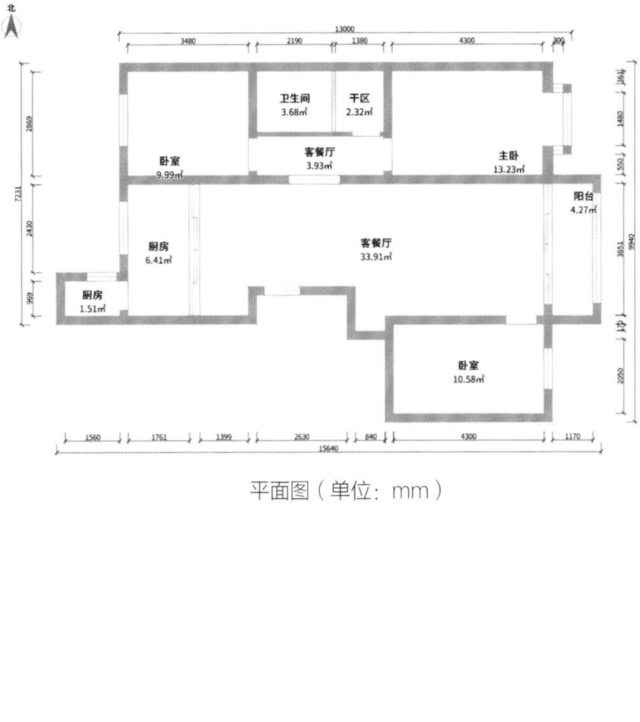

平面图（单位：mm）

123

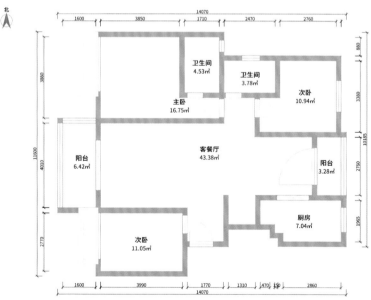

123-a　　123-b

扫码观看本案例更多空间

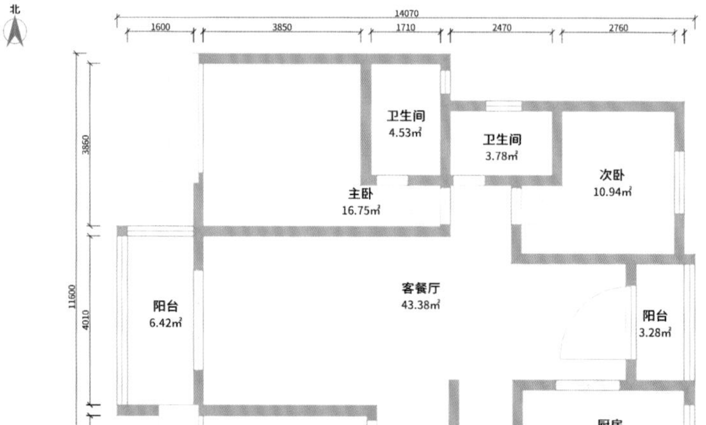
北
14070
1600
3850
1710
2470
2760
卫生间
4.53㎡
卫生间
3.78㎡
次卧
10.94㎡
主卧
16.75㎡
客餐厅
43.38㎡
阳台
6.42㎡
阳台
3.28㎡
厨房
7.04㎡
次卧
11.05㎡
880
3860
3380
11600
10185
4010
2760
1965
2770
1600
3990
1770
1310
470
150
2860
14070

平面图（单位：mm）

124

北
15482
1304
3193
1049
2273
1335
3432
1527
卫生间
3.75㎡
卫生间
3.94㎡
主卧
16.2㎡
次卧
9.38㎡
洞
1.45㎡
客餐厅
41.36㎡
阳台
6.21㎡
客卧
8.37㎡
厨房
5.5㎡
1066
2938
9588
2901
1724
3387
8017
4110
1304
3193
3482
4776
1527
15482

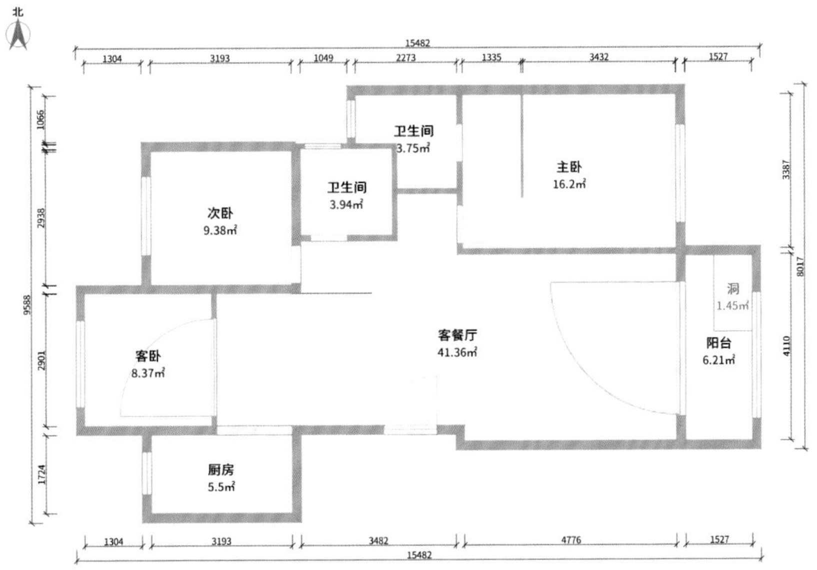

平面图（单位：mm）

124-a

124-b

扫码观看本案例更多空间

125-a

125-b

扫码观看本案例更多空间

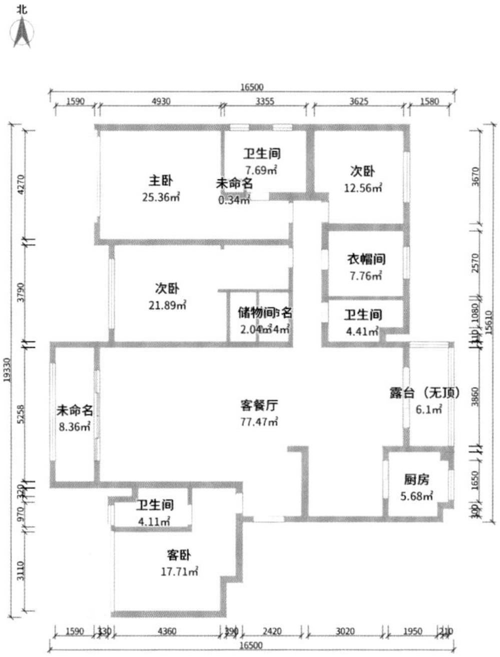

平面图（单位：mm）

126

126-a

126-b

扫码观看本案例更多空间

北
7990
3870
1570
1404
136
未命名
0.03㎡
卫生间
6.55㎡
厨房
6.83㎡
3826
客厅
30.07㎡
7769
餐厅
11.49㎡
3361
13059
14671
男孩房
13.16㎡
女孩房
12.25㎡
主卧
12.66㎡
4569
4571
阳台
3.95㎡
1370
2880
2680
2770
9330

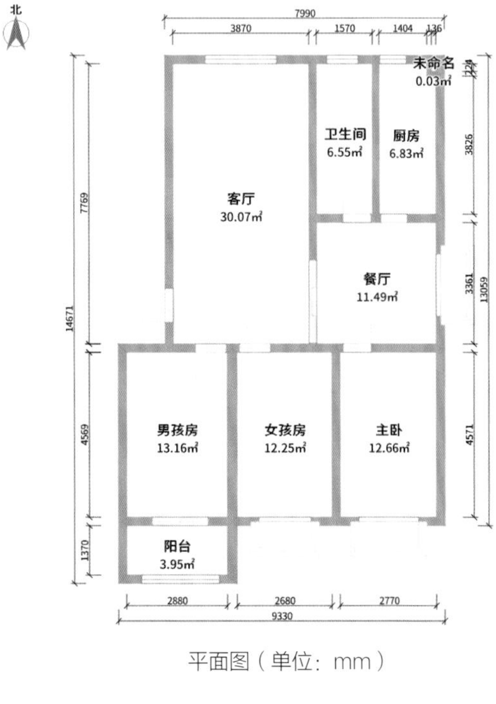

平面图（单位：mm）

127

127-a

127-b

扫码观看本案例更多空间

北
17167
717
4800
1583
4007
1592
68
2800
3486
7956
3870
1095
2750
6325
1680
主卧
17.95㎡
卫生间
3.46㎡
次卧
13.19㎡
未命名
0.01㎡
卫生间
2.68㎡
次卧
7.7㎡
阳台
5.81㎡
客餐厅
41.25㎡
厨房
5.13㎡
未命名
0.03㎡
1500
6400
3407
200
1460
178
2762
17507

平面图（单位：mm）

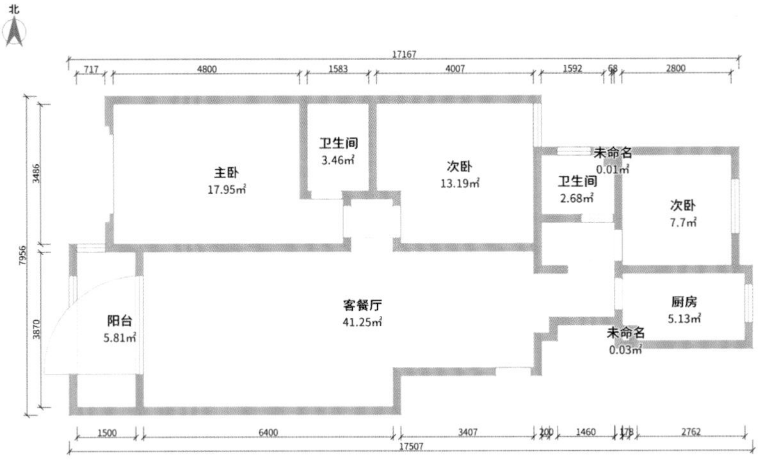

FASHION
A SIMPLE COLLISION

128

北
14780
3880
1446
1680
4020
1214
1300
400
2780
2866
9606
2560
3380
3775
11016
2970
次卧
10.79㎡
卫生间
3.17㎡
卫生间
3.68㎡
主卧
15.47㎡
厨房
5.2㎡
客餐厅
40.37㎡
阳台
4.91㎡
未命名
0.03㎡
次卧
7.9㎡
次卧
11.79㎡
3087
4090
3970
1040
1300
14687

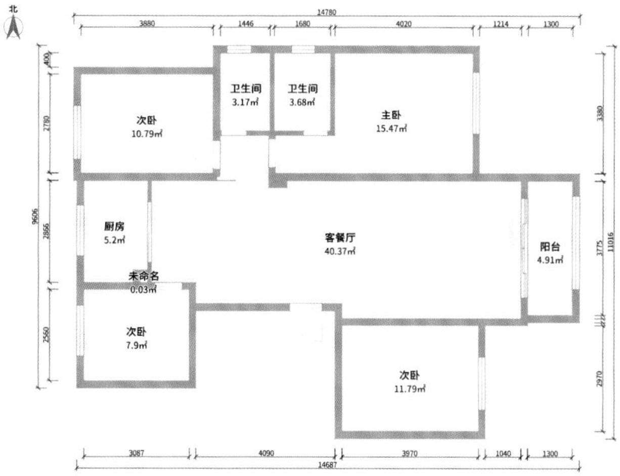

平面图（单位：mm）

128-a

128-b

扫码观看本案例更多空间

129

129-a

129-b

扫码观看本案例更多空间

北
10677
3065
2166
4726
卫生间
5.12㎡
主卧
17.67㎡
次卧
8.56㎡
衣帽间
2.83㎡
卫生间
4.85㎡
次卧
13.99㎡
厨房
5.44㎡
客餐厅
34.72㎡
阳台
11.36㎡
921
2792
1583
1774
3369
11639
3517
3053
4269
11639
3065
7012
2662
13539

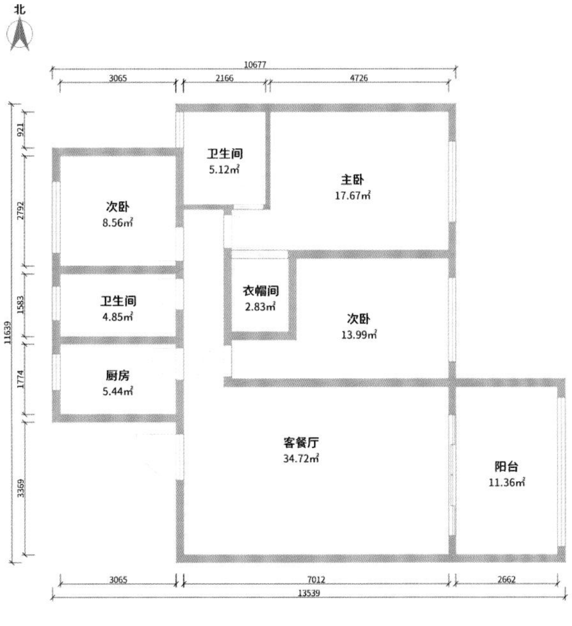

平面图（单位：mm）

130

130-a

130-b

扫码观看本案例更多空间

北
13780
209
1130
611
2660
2080
3890
1600
1700
2590
222
2368
1700
9780
3300
3980
3210
11290
卫生间
4.52㎡
衣帽间
3.54㎡
主卧
16.03㎡
次卧
8.99㎡
未命名
0.05㎡
厨房
4.12㎡
客餐厅
37.4㎡
阳台
6.37㎡
储物间
2.62㎡
卫生间
5.9㎡
次卧
13.86㎡
阳台
3.67㎡
1539
3471
1370
400
4000
1144
256
13780

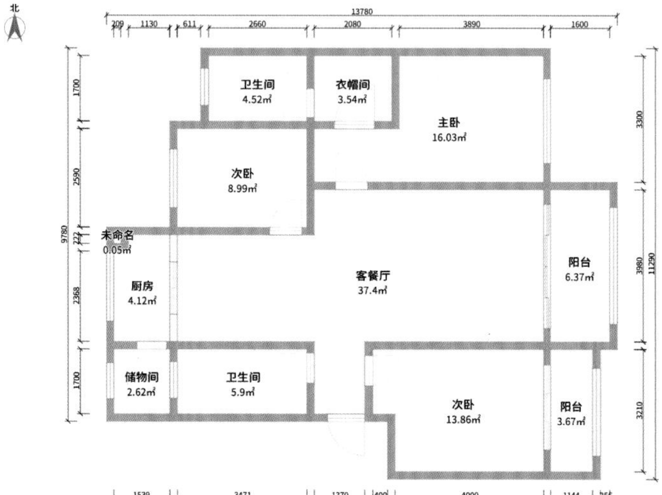

平面图（单位：mm）

131

131-a　131-b

扫码观看本案例更多空间

北
17220
2018
6360
1498
1800
4500
次卧
13.58㎡
卫生间
2.44㎡
卫生间
2.93㎡
3030
未命名
3.73㎡
走廊
5.18㎡
1846
9130
6406
客餐厅
42.39㎡
书房
9.91㎡
主卧
16.49㎡
5260
4060
未命名
4.3㎡
4780
3639
3500
3390
16150

平面图（单位：mm）

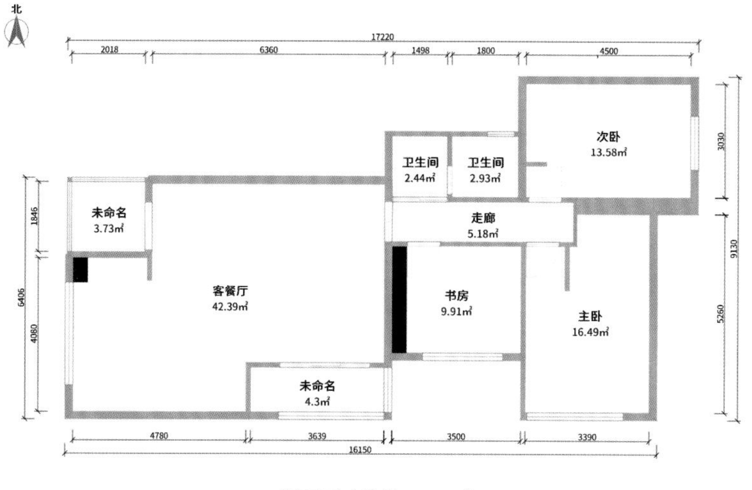

132

132-a

132-b

扫码观看本案例更多空间

卫生间
4.3㎡
主卧
14.35㎡
次卧
12.16㎡
次卧
13.43㎡
卫生间
6.85㎡
阳台
10.15㎡
客餐厅
41.14㎡
厨房
6.29㎡
3345
11298
7250
1010
3068
9988
1730
2954
1400
4868
3398
1860
2130
15078

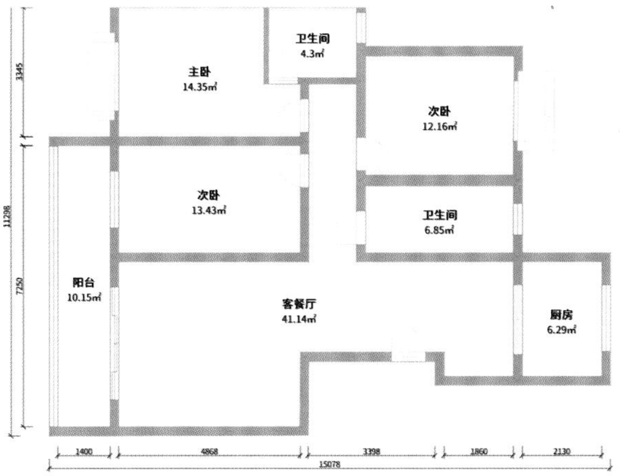

平面图（单位：mm）

133

133-a
133-b

扫码观看本案例更多空间

北
12133
2773
2320
1766
4153
书房
5.33㎡
卫生间
4.04㎡
卧室
16.49㎡
卧室
10.38㎡
阳台
7.24㎡
客餐厅
44㎡
未命名
0.06㎡
未命名
0.07㎡
厨房
6.71㎡
卫生间
3.9㎡
卧室
12.2㎡
3347
1975
1669
777
3657
12532

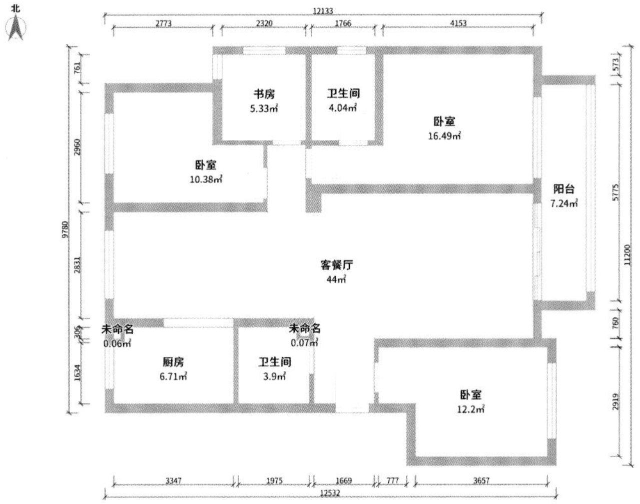

平面图（单位：mm）

134

北
卫生间
2.1㎡
长辈房
13.68㎡
厨房
9.54㎡
未命名
0.05㎡
客餐厅
61.19㎡

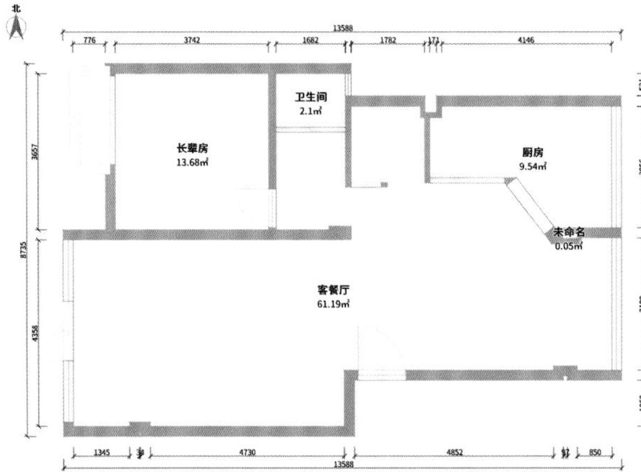

一层平面图（单位：mm）

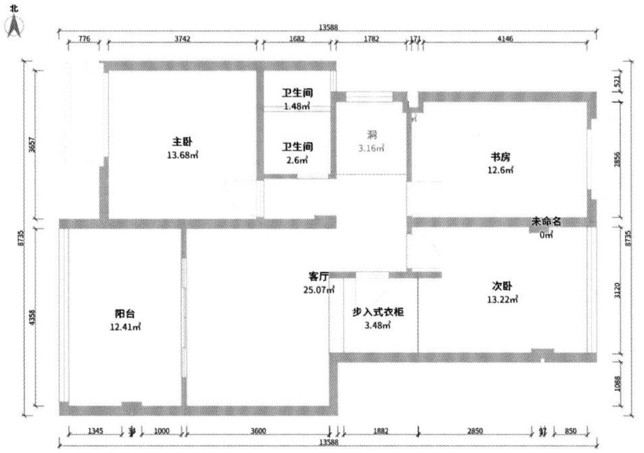

二层平面图（单位：mm）

扫码观看本案例

134

更多空间

135

北
13424
1414
4417
2793
3600
阳台
5.34㎡
主卧
16.66㎡
书房
7.25㎡
次卧
9.34㎡
卫生间
4.31㎡
客餐厅
36.29㎡
厨房
7.37㎡
3772
8455
3962
2596
7126
1762
1808
6071
2752
3641
13424

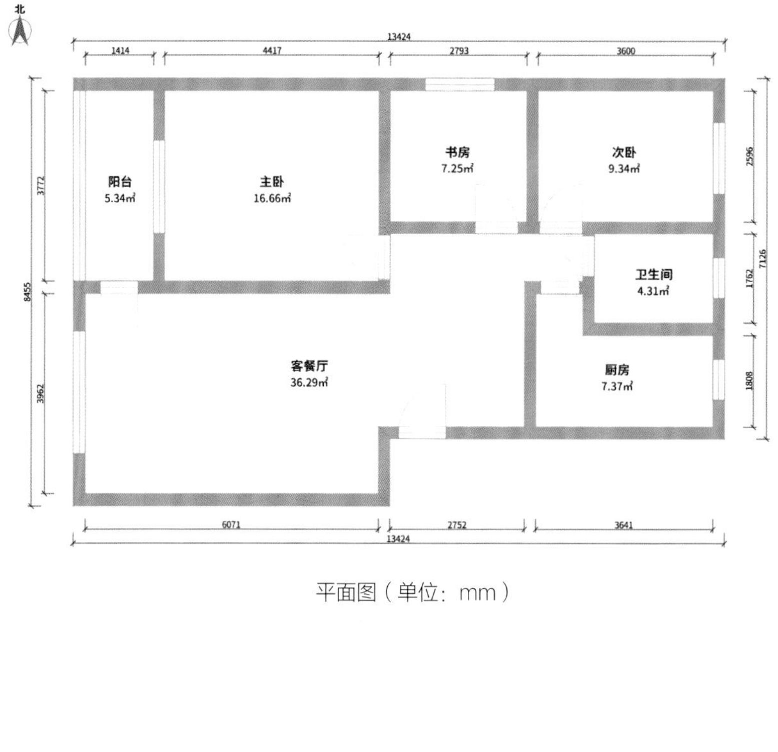

平面图（单位：mm）

135-a

135-b

扫码观看本案例更多空间

136

136-a

136-b

扫码观看本案例更多空间

北
13698
2828
2470
1610
4650
600
860
3368
2738
1972
10130
3850
3950
2770
11530
卫生间
3.9㎡
卫生间
4.3㎡
主卧
19.61㎡
次卧
11.27㎡
阳台
2.41㎡
客餐厅
39.86㎡
阳台
5.89㎡
厨房
7.09㎡
储物间
1.64㎡
次卧
12.87㎡
3248
410
1380
1750
4680
670
13697

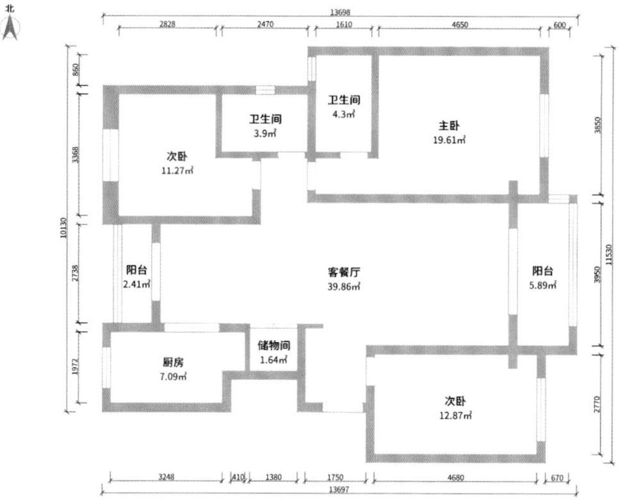

平面图（单位：mm）

137

北
14292
1728
287
1909
982
1706
4282
1598
未命名
0.01㎡
卫生间
3.69㎡
干区
1.94㎡
阳台
5.66㎡
主卧
13.44㎡
客餐厅
24.36㎡
阳台
6.62㎡
餐厅
7.95㎡
厨房
7.06㎡
次卧
16.8㎡
1974
3276
9272
3062
4374
8906
3812
2595
2307
4409

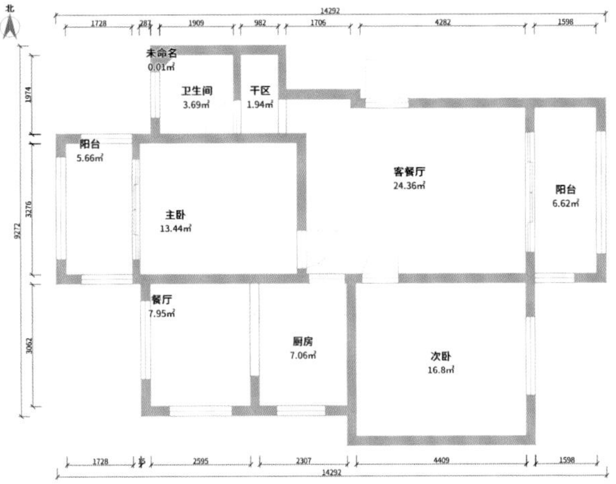

平面图（单位：mm）

137-a

137-b

扫码观看本案例更多空间

138

138-a

138-b

扫码观看本案例更多空间

北

8553
3466
1736
2091
60
阳台
5.41㎡
1562
4656
11126
卫生间
3.35㎡
厨房
6.74㎡
主卧
16.14㎡
卫生间
2.03㎡
3221
1234
客餐厅
26.41㎡
1938
12554
次卧
14.97㎡
4068
3269
阳台
6.7㎡
1572
4263
4623

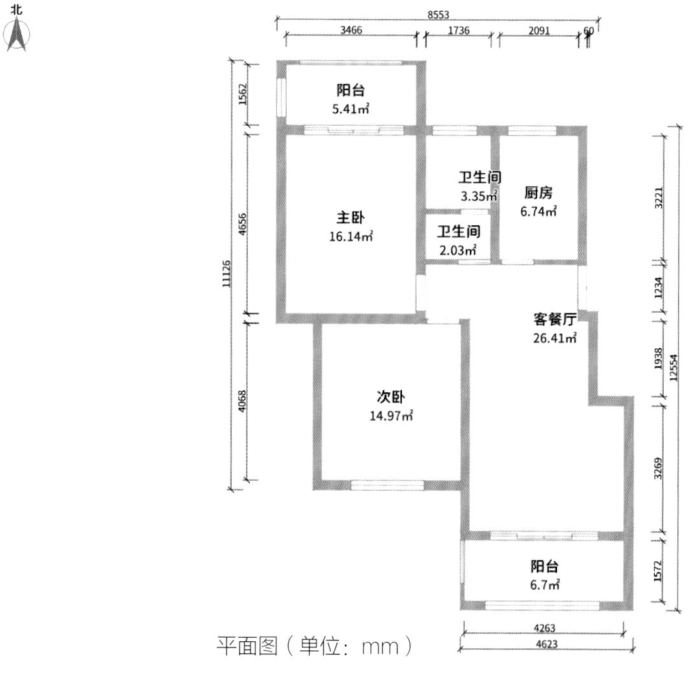

平面图（单位：mm）

139

北
15715
1356
5301
1800
4457
1181
320
阳台
4.21㎡
主卧
16.45㎡
衣帽间
5.59㎡
次卧
13.83㎡
客餐厅
45.5㎡
厨房
7.15㎡
卫生间
4.91㎡
次卧
15.73㎡
3103
10207
4022
2282
2723
3192
5059
1713
1537
4929
14159

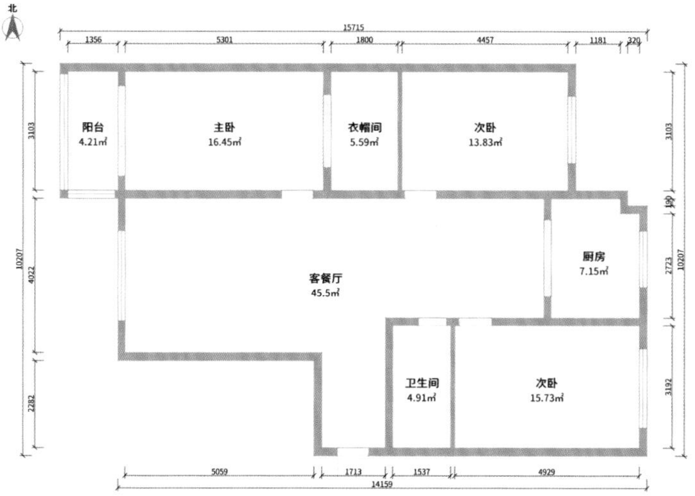

平面图（单位：mm）

139-a

139-b

扫码观看本案例更多空间

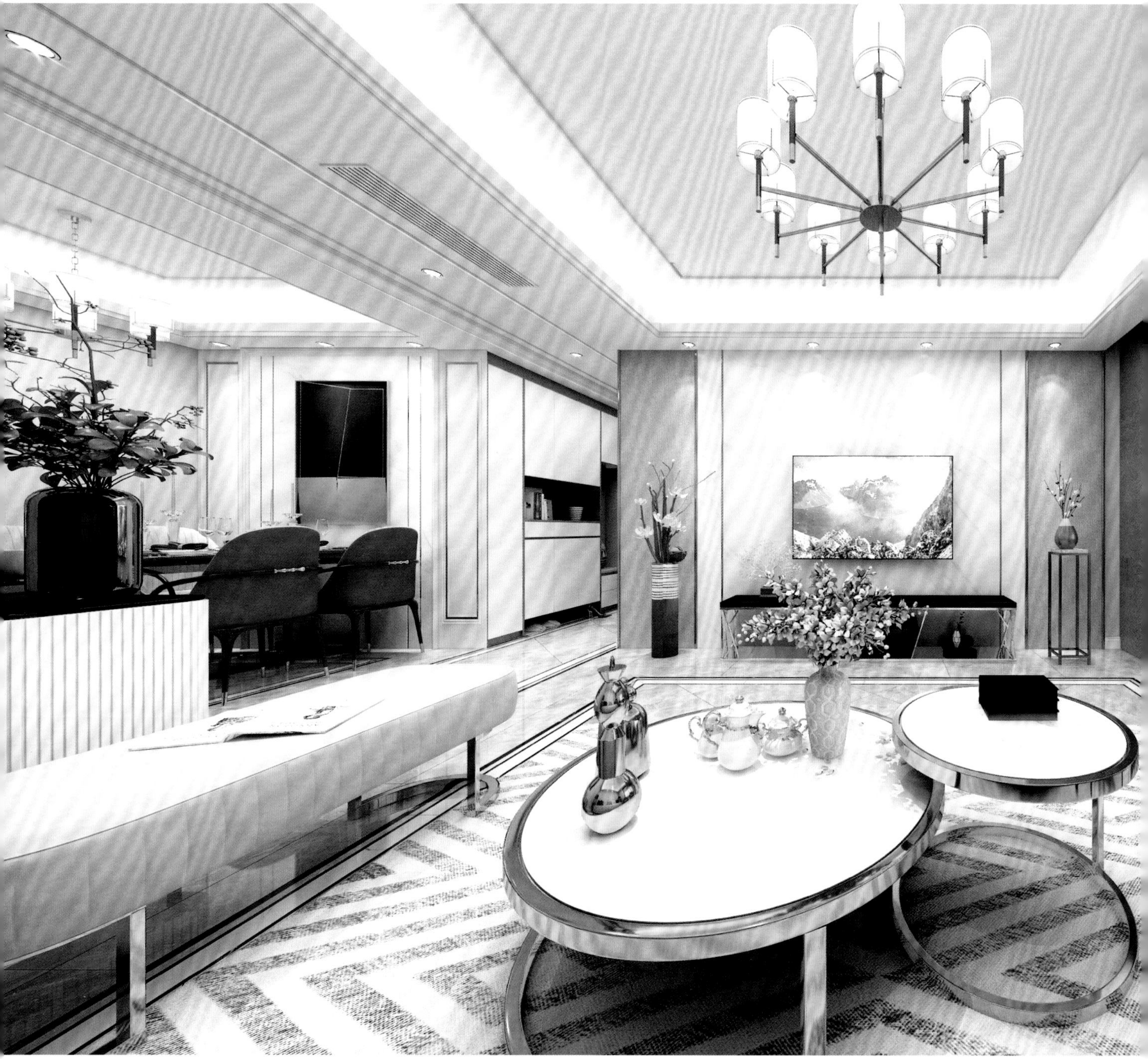

140

北
11424
545
2857
1652
2465
271
2074
次卧
8.41㎡
卫生间
5.37㎡
厨房
4.9㎡
书房
5.4㎡
储物间
2.02㎡
卫生间
3.94㎡
客餐厅
39.04㎡
女儿房
12.44㎡
主卧
15.76㎡
阳台
11.76㎡
2742
2282
1657
3769
571
12222
1865
1895
1514
726
3184
881
356
12222
3644
7502
523
12629

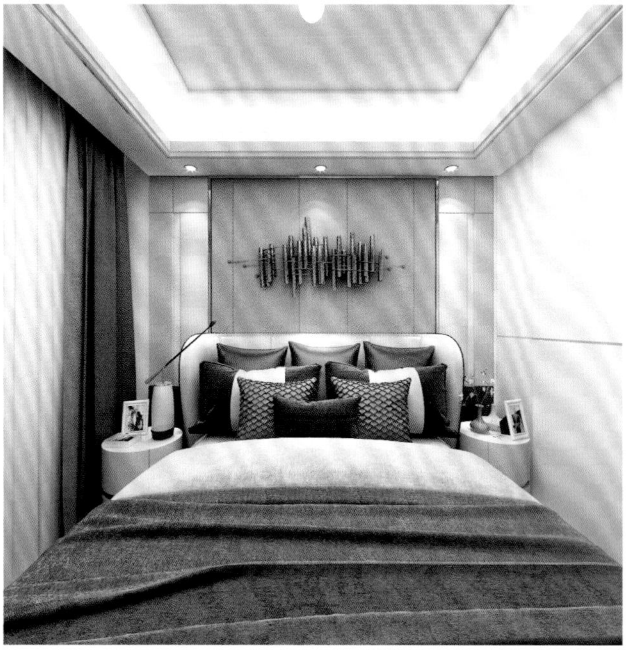

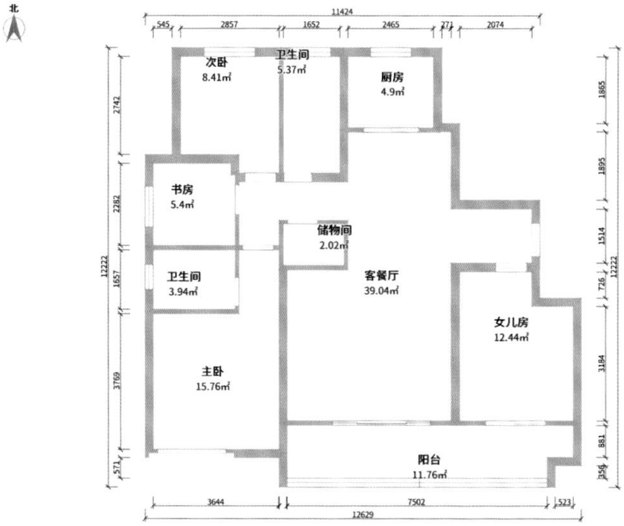

平面图（单位：mm）

140-a
140-b

扫码观看本案例更多空间

NCE
ONS

141

北
8838
4158
1202
2880
主卧
14.73㎡
衣帽间
2.6㎡
卫生间
4.8㎡
次卧
8.88㎡
次卧
9.25㎡
走廊
5.88㎡
卫生间
4.49㎡
阳台
6.37㎡
客餐厅
30.92㎡
未命名
0.21㎡
厨房
6.14㎡
书房
4.04㎡
3370
1065
1165
500
4060
1972
13342
1665
2870
1575
2979
1866
12115
375
2050
4433
660
132
2797
11858

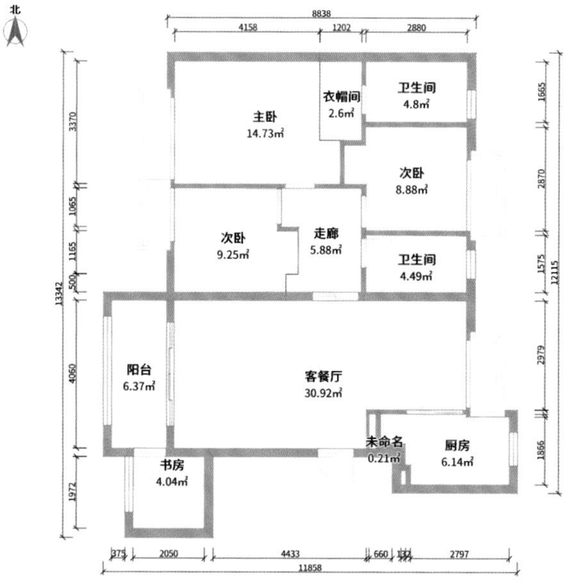

平面图（单位：mm）

141-a

141-b

扫码观看本案例更多空间

142

11040
4390
2270
3580
主卧
17.21㎡
卫生间
4.79㎡
次卧
10.12㎡
女儿房
13.85㎡
书房
9.95㎡
卫生间
5.62㎡
阳台
5.39㎡
客餐厅
26.46㎡
客餐厅
7.08㎡
阳台
2.41㎡
厨房
6.2㎡
未命名
0.04㎡
未命名
9.91㎡
2730
770
2160
750
3960
1520
2522
15852
715
2825
2780
1570
2480
1870
13640
3928
2059
3070
854
10650

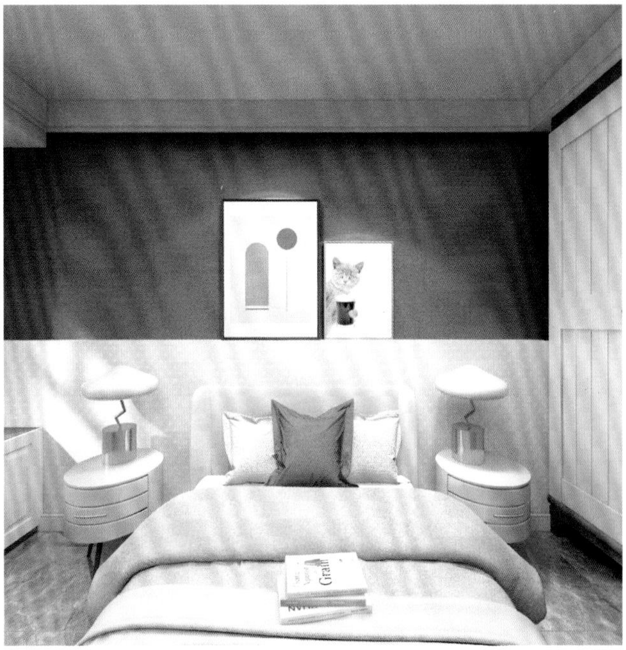

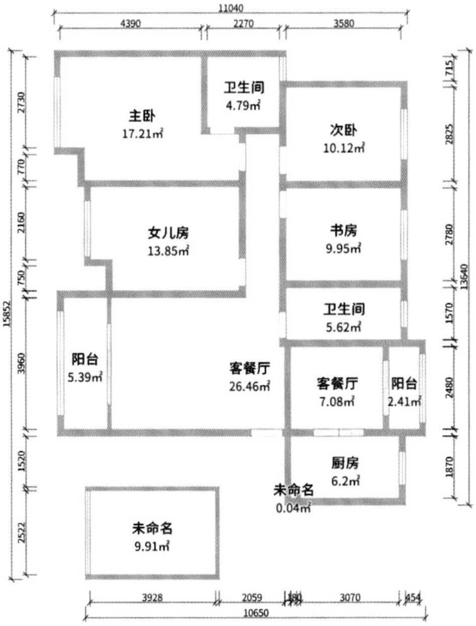

平面图（单位：mm）

142-a　　142-b

扫码观看本案例更多空间

143

北
11008
1436
1561
5522
1489
卫生间
5.08㎡
主卧
17.96㎡
卫生间
3.6㎡
卫生间
1.73㎡
未命名
0.03㎡
次卧
11.66㎡
厨房
5.79㎡
阳台
10.63㎡
客餐厅
41.69㎡
次卧
13.81㎡
3252
1732
1855
3151
1993
1106
14489
3252
7138
3299
2181
2153
4185
1489
11008

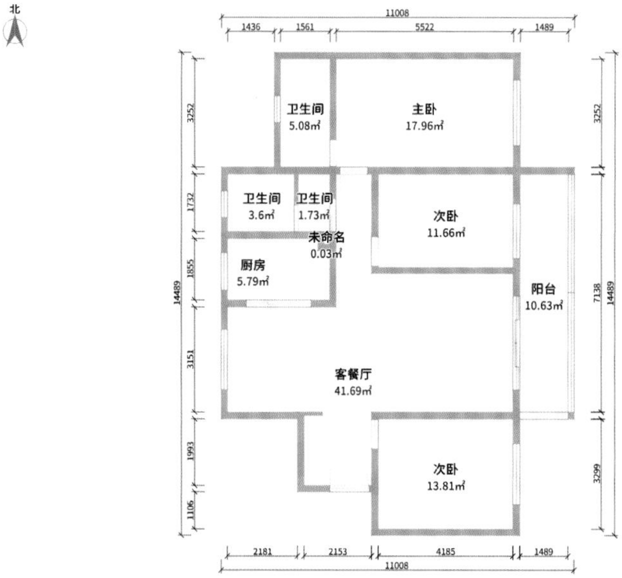

平面图（单位：mm）

143-a

143-b

扫码观看本案例更多空间

SKYDANCE
PRODUCTIONS
144

144-a

144-b

扫码观看本案例更多空间

北
12470
2030
3480
1710
2780
1590
儿童房
8.28㎡
衣帽间
3.29㎡
主卧
10.18㎡
卫生间
4.03㎡
厨房
5.86㎡
阳台
6.92㎡
卧室
6.7㎡
客餐厅
22.65㎡
儿童房
9.68㎡
3425
1390
4120
1880
12470

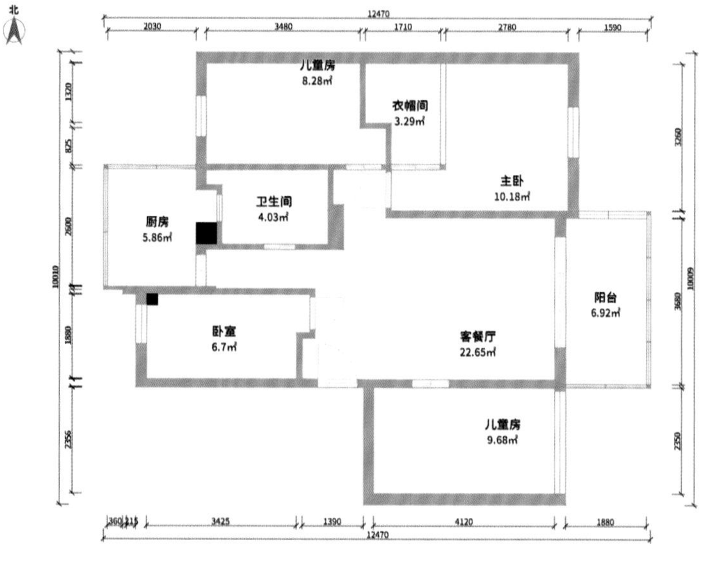

平面图（单位：mm）

145

北
12600
3760
1040
3700
2770
主卧
13.11㎡
卫生间
2.38㎡
客餐厅
28.93㎡
次卧
10.46㎡
卫生间
4.01㎡
阳台
4.39㎡
次卧
11.5㎡
厨房
4.79㎡
来命名
0.04㎡
来命名
0.14㎡
1360
4040
1610
2300
2412
13640
7870
8700

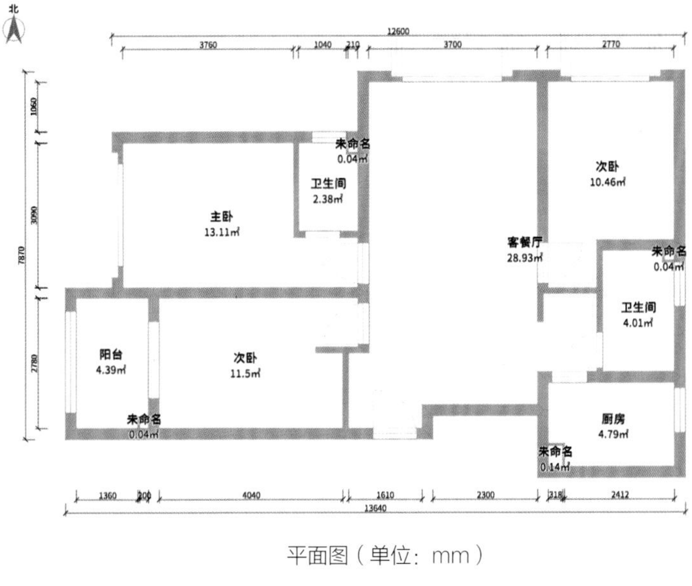

平面图（单位：mm）

145-a

145-b

扫码观看本案例更多空间

STAY

YDANCE
PRODUCTIONS
146

北
13390
4295
1671
1579
3481
主卧
18.74㎡
卫生间
3.41㎡
卫生间
3.25㎡
次卧
10.12㎡
未命名
0.04㎡
阳台
6.36㎡
客餐厅
35.02㎡
厨房
7.17㎡
未命名
0.06㎡
次卧
11.83㎡
1684
3872
1387
4268
13390

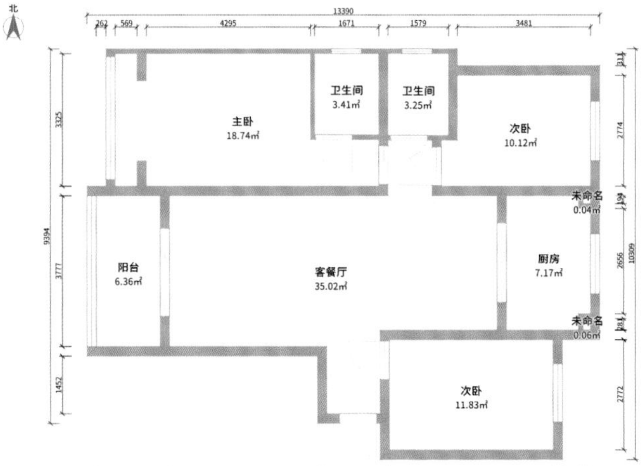

平面图（单位：mm）

146-a

146-b

扫码观看本案例更多空间

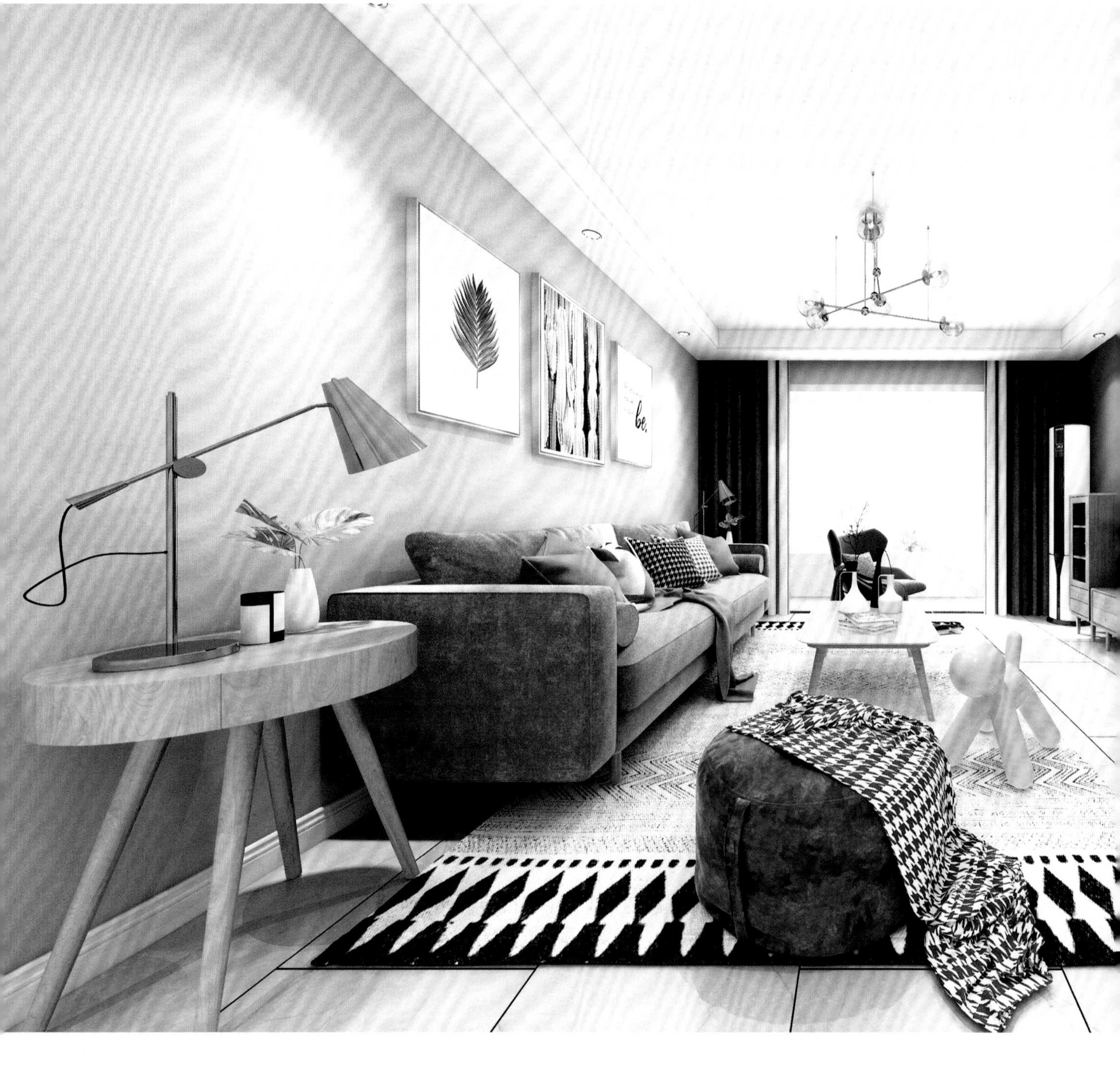
be.

147

北
11615
995
3540
2065
185
3765
未命名
0.04㎡
卫生间
4.15㎡
主卧
11.08㎡
次卧
11.26㎡
未命名
0.04㎡
厨房
3.93㎡
未命名
3.97㎡
客餐厅
36.93㎡
卫生间
5.22㎡
阳台
4.48㎡
次卧
9.35㎡
未命名
0.02㎡
2916
3990
2220
10591
2990
2007
9190
3960
450
1085
3455
1450
1840
1475
11615

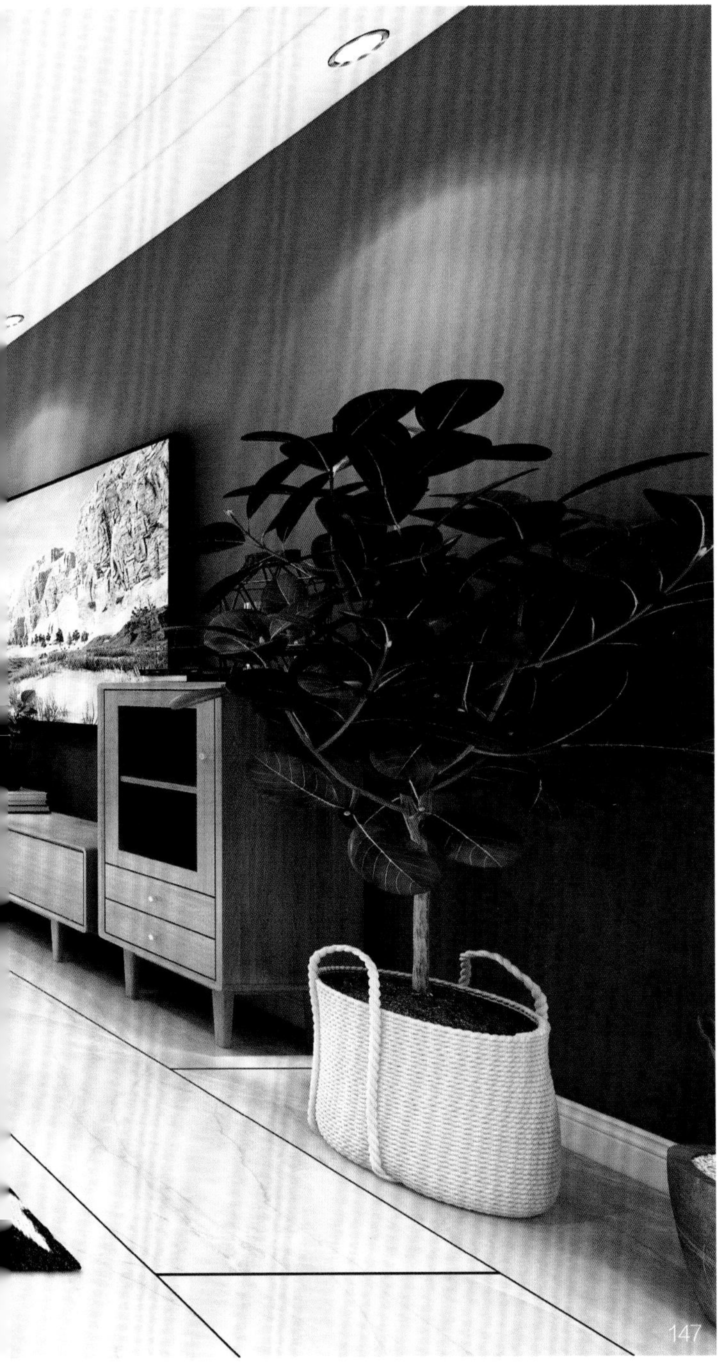

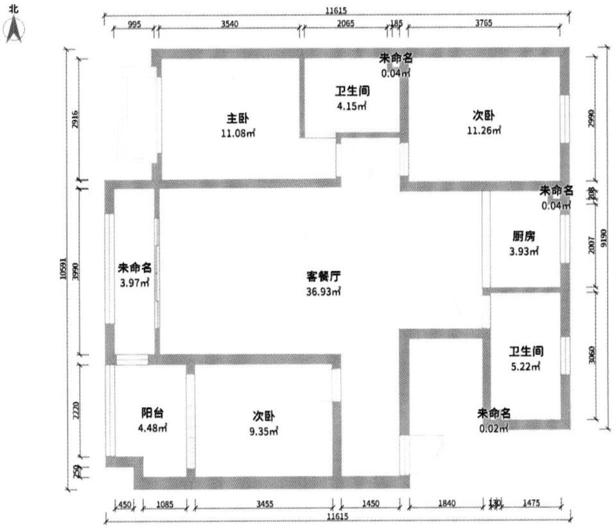

平面图（单位：mm）

147-a　147-b

扫码观看本案例更多空间

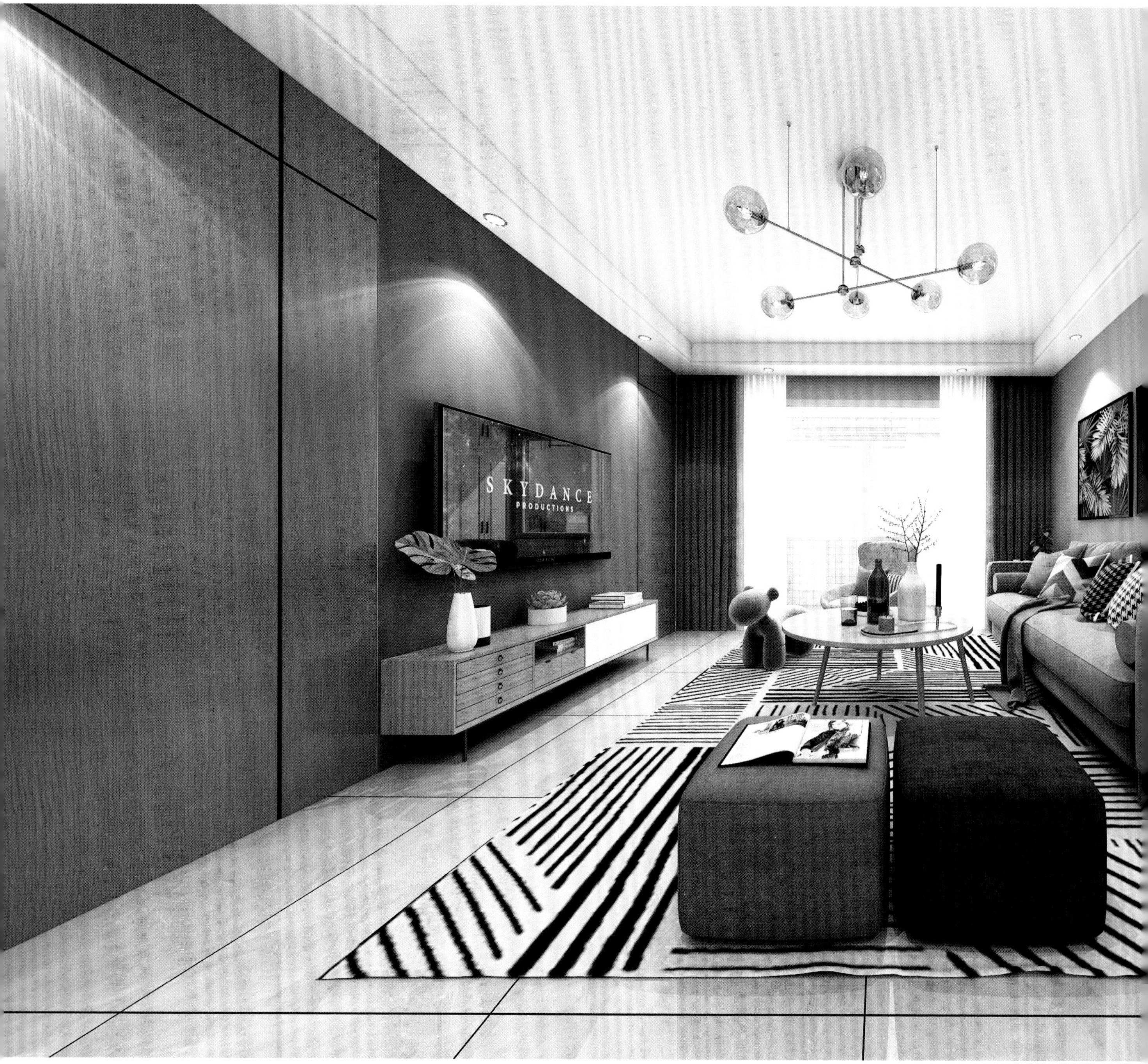
SKYDANCE
PRODUCTIONS

To
travel
is
to
live
148

北
13694
1335
3698
1942
1961
3298
卫生间
4.03㎡
卫生间
4.06㎡
主卧
13.6㎡
次卧
10.06㎡
未命名
0.03㎡
客餐厅
41.4㎡
厨房
5.68㎡
阳台
5.4㎡
未命名
3.86㎡
次卧
10.75㎡
3376
3963
2779
560
2687
3495
1389
3868
5558
1479
13494

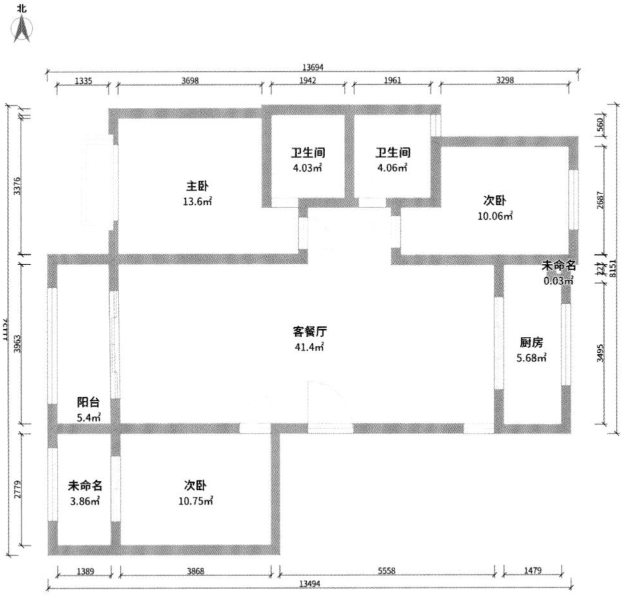

平面图（单位：mm）

148-a

148-b

扫码观看本案例更多空间

SKYDANCE
PRODUCTIONS
on the way

149

149-a　149-b

扫码观看本案例更多空间

北
12036
166 464
3437
2417
4313
次卧
9.53㎡
步入式衣柜
3.85㎡
主卧
16.83㎡
卫生间
2.24㎡
卫生间
1.91㎡
未命名
0.03㎡
厨房
5.57㎡
客餐厅
34.37㎡
阳台
4.96㎡
未命名
0.03㎡
次卧
11.84㎡
2773
1528
10283
2602
1951
436
3280
11648
3869
2903
1580
1626
1746
4070
1283
12036

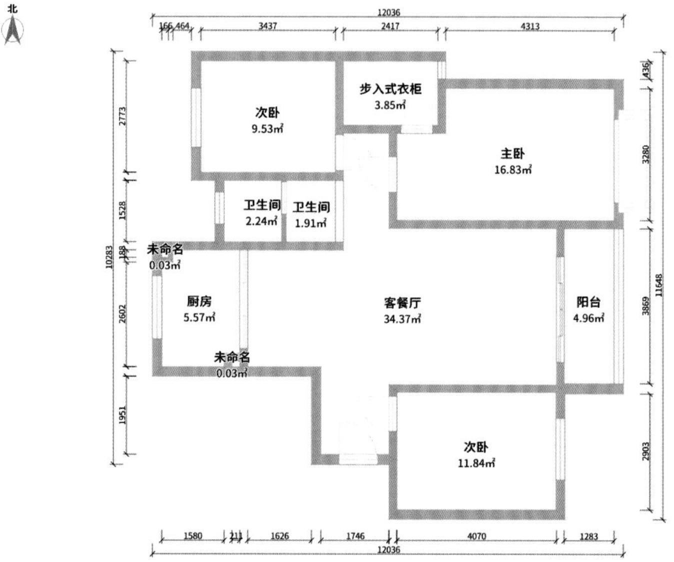

平面图（单位：mm）

SKYDANCE
PRODUCTIONS
150

北
11961
2943
3200
4200
卫生间
6.4㎡
主卧
15.54㎡
次卧
13.12㎡
客餐厅
34.1㎡
阳台
2.46㎡
阳台
8.34㎡
次卧
11.38㎡
厨房
6.45㎡
未命名
0.05㎡
未命名
0.03㎡
2246
660
1454
4000
994
11961
2000
3100
2918
1726
11046
3700
2894
2844
10885

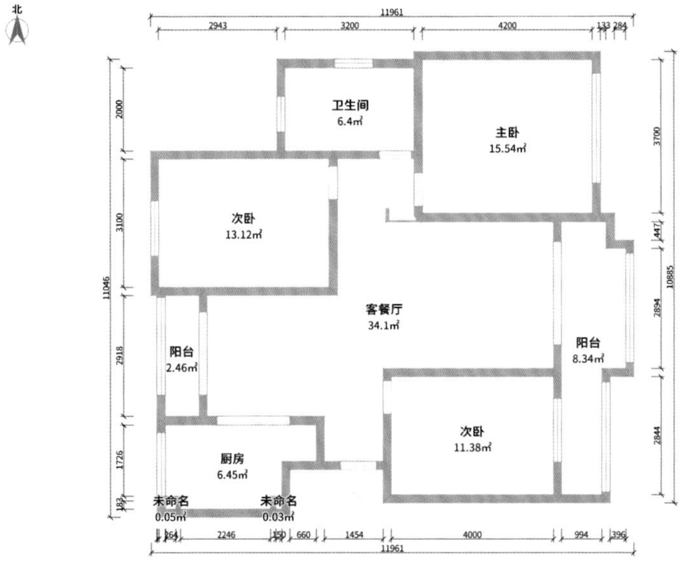

平面图（单位：mm）

150-a

150-b

扫码观看本案例更多空间

life

151

151-a

151-b

扫码观看本案例更多空间

北
9262
1266
3970
3066
次卧
9.14㎡
主卧
12.2㎡
卫生间
4.31㎡
阳台
4.26㎡
客餐厅
27.86㎡
次卧
10.21㎡
厨房
5.48㎡
3074
9973
3367
2572
2980
2450
1266
12392
2466
1790
1266
3970
3064
9260

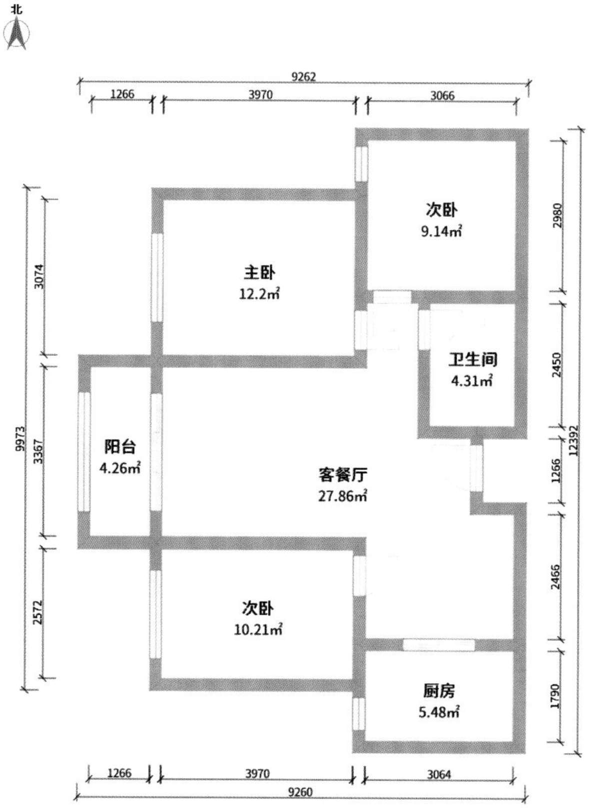

平面图（单位：mm）

SKYDANCE
PRODUCTIONS

152

152-a

152-b

扫码观看本案例更多空间

北
9606
588
2575
2922
2481
次卧
8.23㎡
厨房
5.51㎡
书房
7.91㎡
卫生间
3.13㎡
未命名
2.74㎡
客餐厅
31.55㎡
卫生间
3.6㎡
次卧
10.06㎡
主卧
16.11㎡
阳台
5.3㎡
3197
2377
1711
4363
12648
3188
1294
1657
3146
502
1421
12648
2753
518
506
3353
2132
370
10872

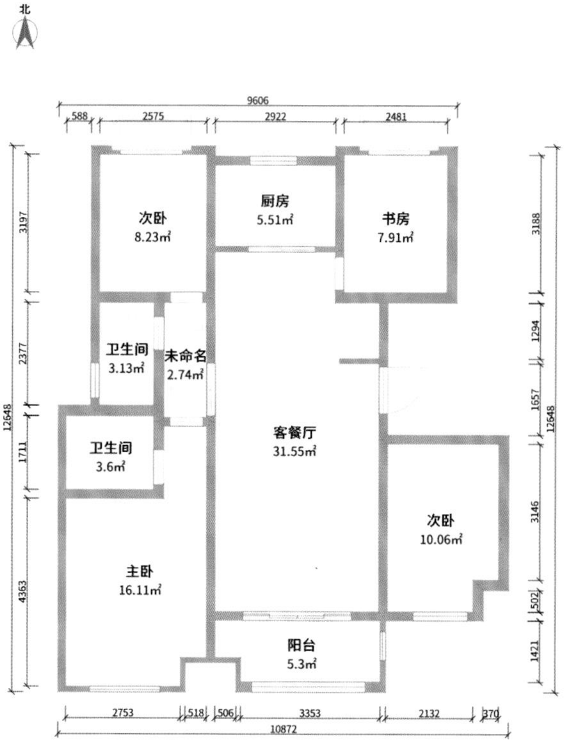

平面图（单位：mm）

KYDANCE
PRODUCTIONS
Led Zeppelin in Rock and Roll
153

153-a

153-b

扫码观看本案例更多空间

14546
3920
1719
4367
3621
阳台
5.5㎡
1259
3299
8381
3022
1259
396
2703
9164
1851
1376
259
主卧
14.88㎡
卫生间
3.65㎡
次卧
9.79㎡
客餐厅
31.12㎡
未命名
1.93㎡
卫生间
4.55㎡
阳台
3.89㎡
次卧
10.6㎡
厨房
6.15㎡
未命名
0.11㎡
1286
3768
5031
3074
427
14546

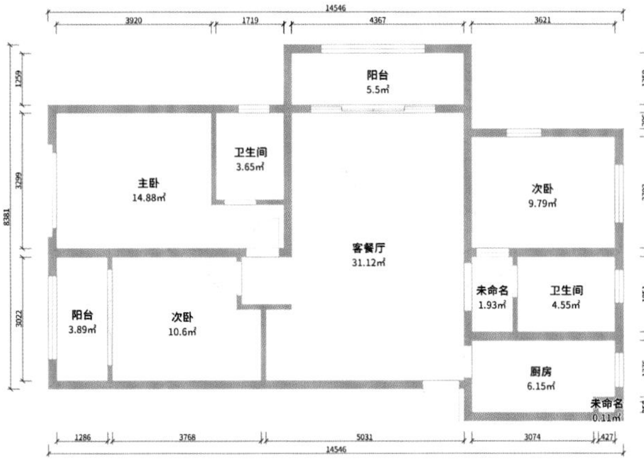

平面图（单位：mm）

SKYDANCE
PRODUCTIONS
154

154-a

154-b

扫码观看本案例更多空间

北

9636
1363
2776
1755
2741
厨房
5.98㎡
卫生间
5.42㎡
次卧
9.31㎡
客餐厅
30.63㎡
卫生间
2.81㎡
次卧
10.18㎡
主卧
11.17㎡
阳台
5.12㎡
2155
2258
1267
3664
1332
11796
1282
3598
1686
3233
957
11796
2779
3732
3123
10433

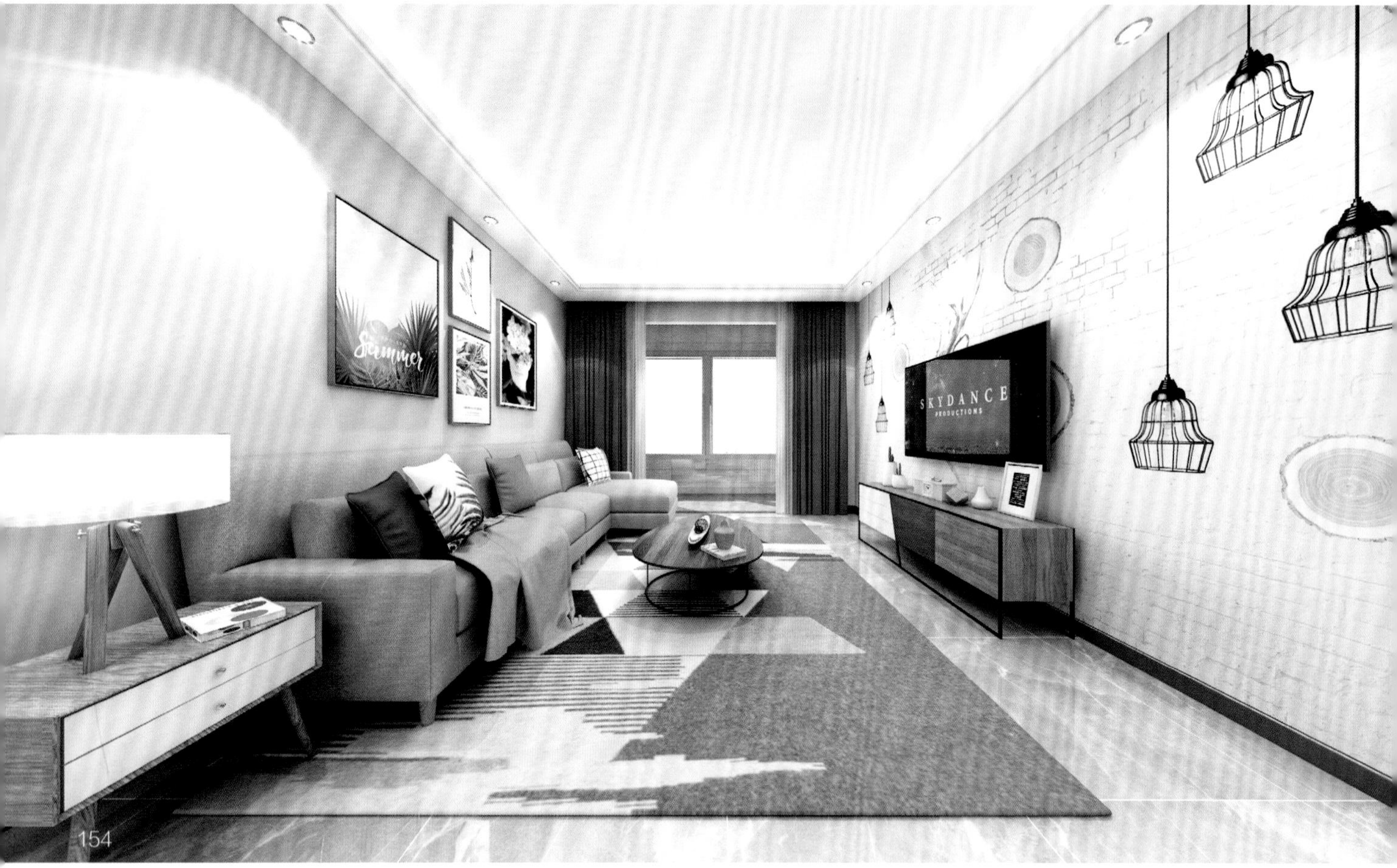

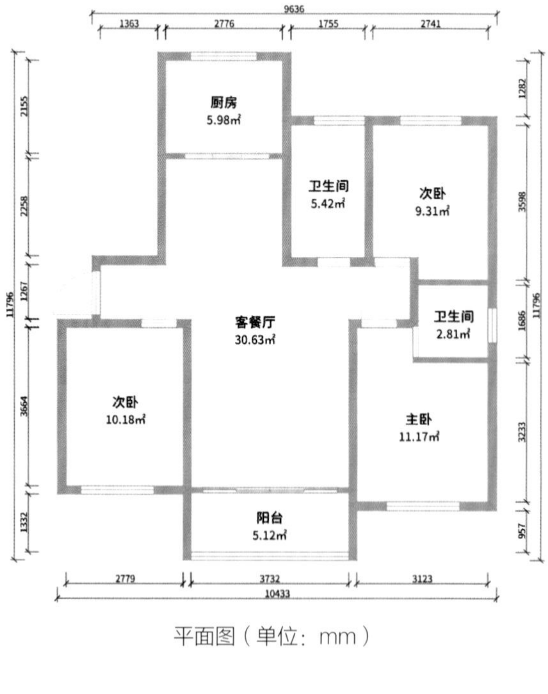

平面图（单位：mm）

life
SKYDANCE
PRODUCTIONS
155

北
9960
3573
1680
3907
卫生间
3.63㎡
主卧
14.22㎡
次卧
8.69㎡
卫生间
4.55㎡
次卧
10.61㎡
阳台
3.13㎡
厨房
4.22㎡
客餐厅
34.22㎡
未命名
0.01㎡
890
2750
9690
1570
540
2451
3320
2700
10870
4050
1302
4190
900
4070
11730

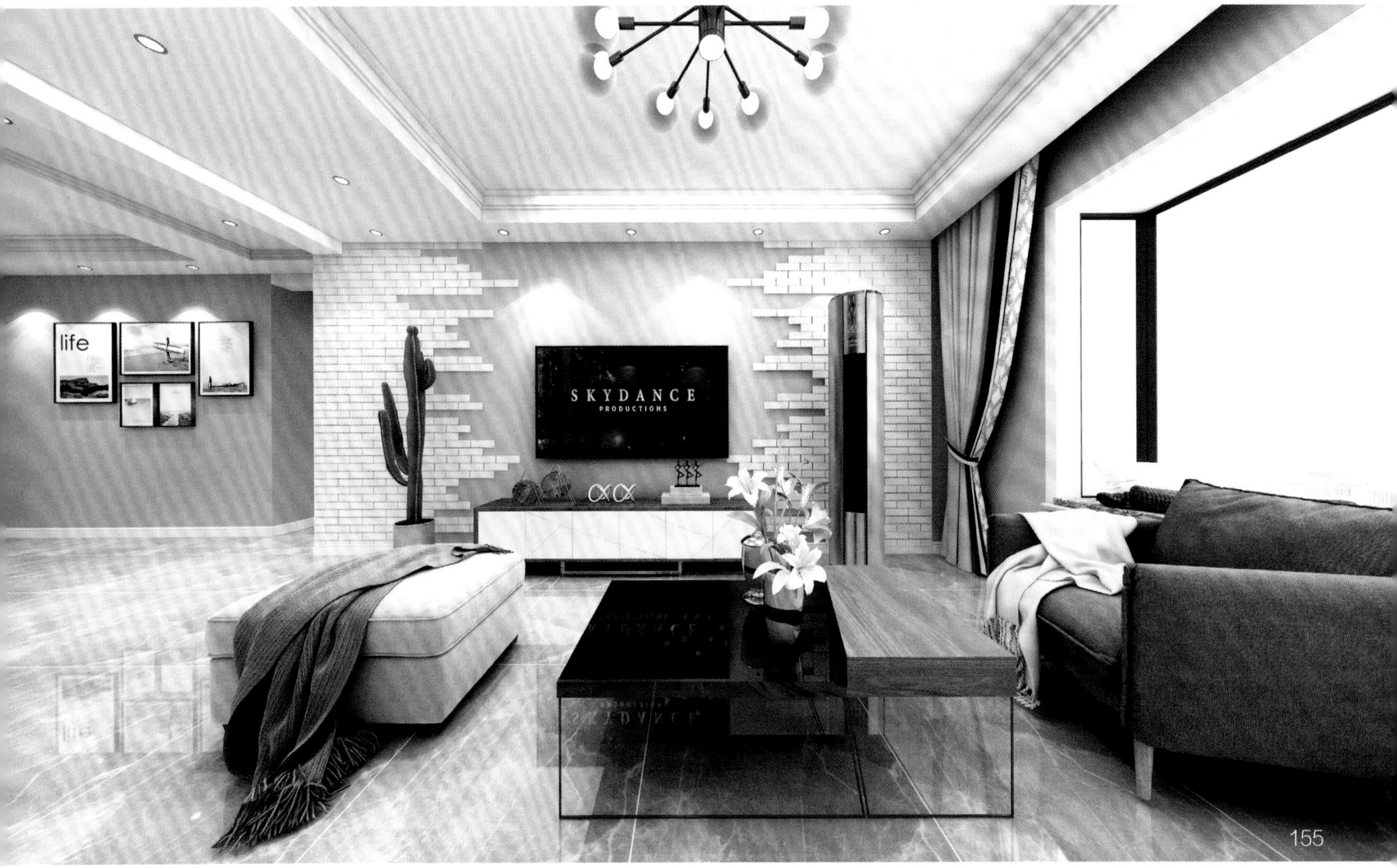

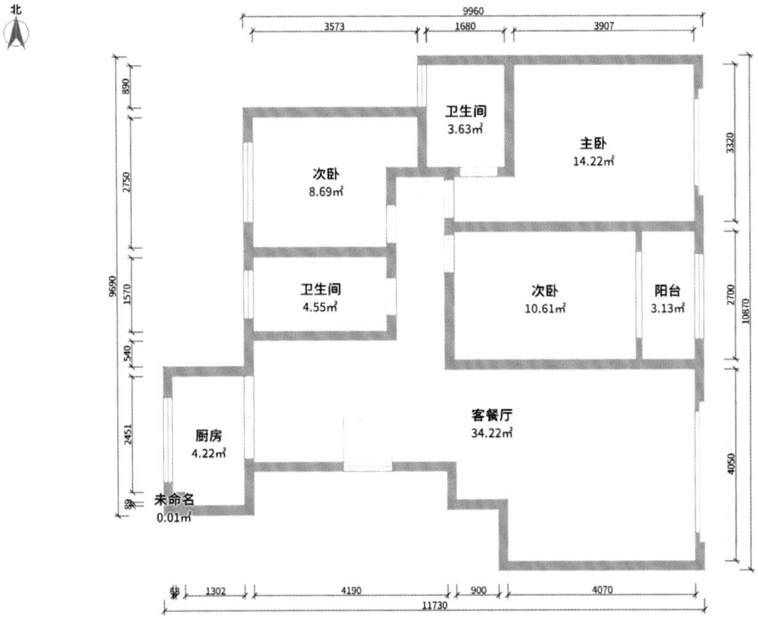

平面图（单位：mm）

155-a

155-b

扫码观看本案例更多空间

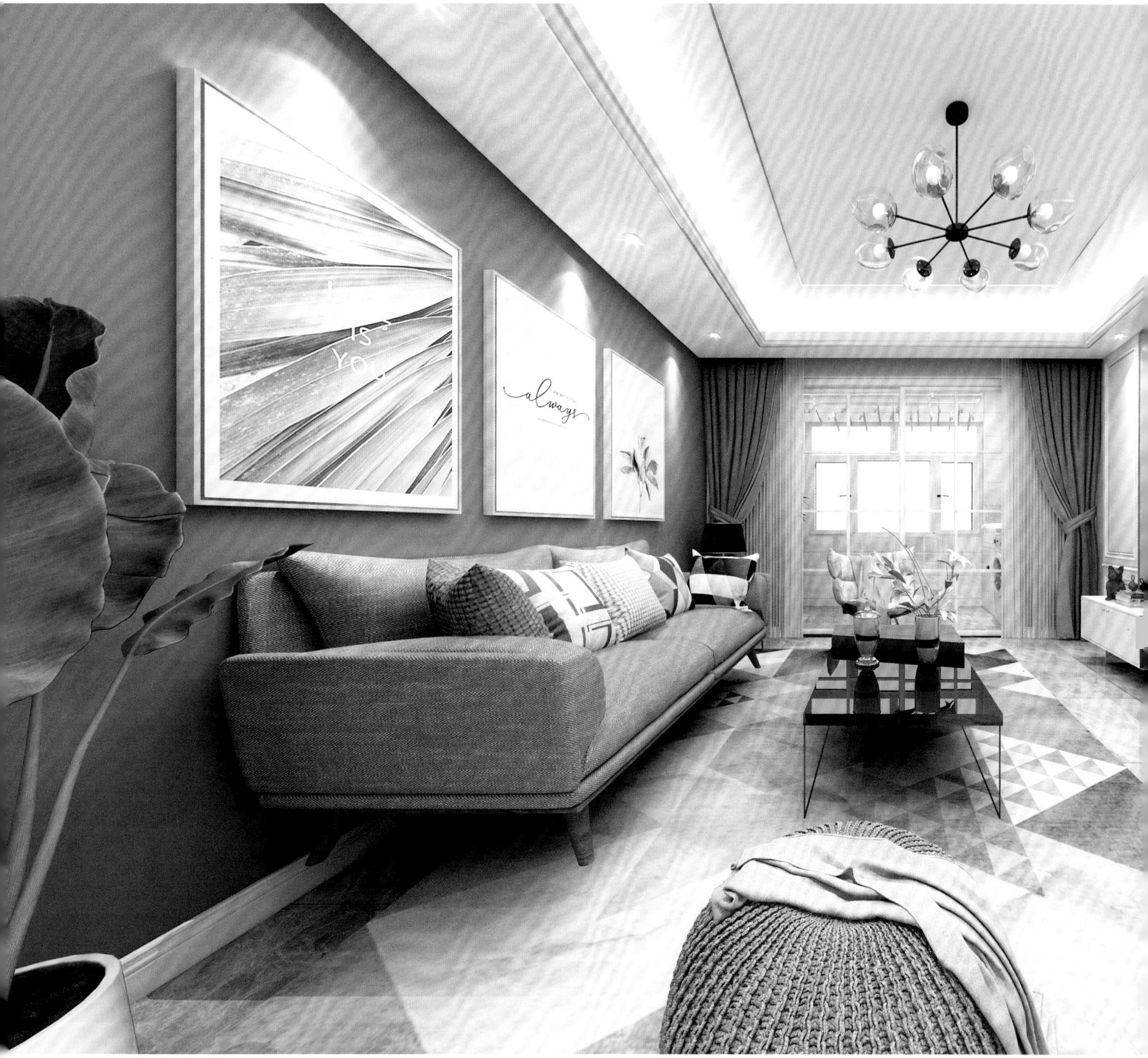
always

156

156-a

156-b

扫码观看本案例更多空间

北

10959
3665
3073
3283
阳台
5.82㎡
次卧
11.93㎡
卧室
14.21㎡
客餐厅
32.25㎡
未命名
0.15㎡
干区
1.7㎡
卫生间
2.26㎡
卧室
10.62㎡
厨房
6.1㎡
未命名
0.06㎡
1589
7579
949
4586
8901
3475
3376
1578
1413
3255
10959

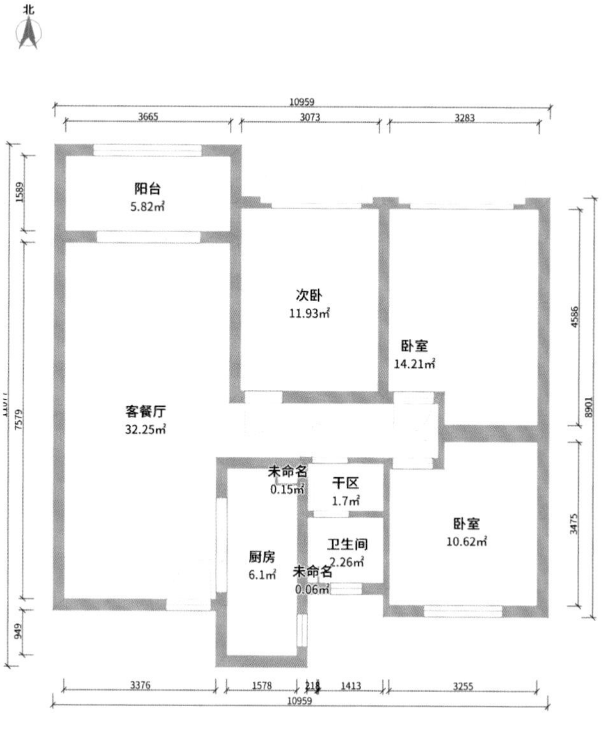

平面图（单位：mm）

157-a

157-b

扫码观看本案例更多空间

157

10429
3790
1637
4162
次卧
11.35㎡
卫生间
4.05㎡
主卧
15.04㎡
走廊
1.67㎡
卫生间
2.41㎡
客餐厅
35.97㎡
阳台
4.64㎡
厨房
6.62㎡
未命名
0.06㎡
次卧
11.13㎡
2996
1507
2739
1742
2936
13360
3613
3948
8281
3790
1061
3202
1176
10429

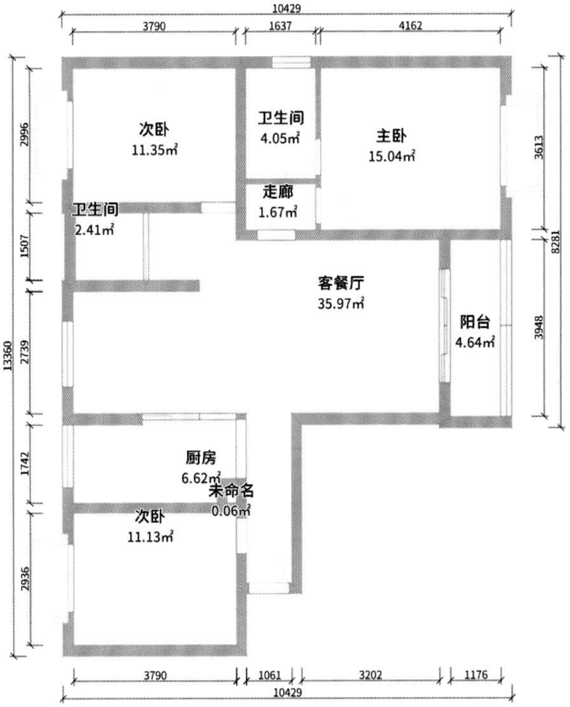

平面图（单位：mm）

SKYDANCE
158

158-a

158-b

扫码观看本案例更多空间

北
12910
840
3700
2140
3790
1240
卫生间
4.92㎡
卧室
13.62㎡
卧室
13.95㎡
厨房
4.68㎡
客餐厅
36.52㎡
阳台
5.16㎡
卧室
11.04㎡
3680
9456
2376
3000
4160
1016
860
3680
1220
4710
1240
12910

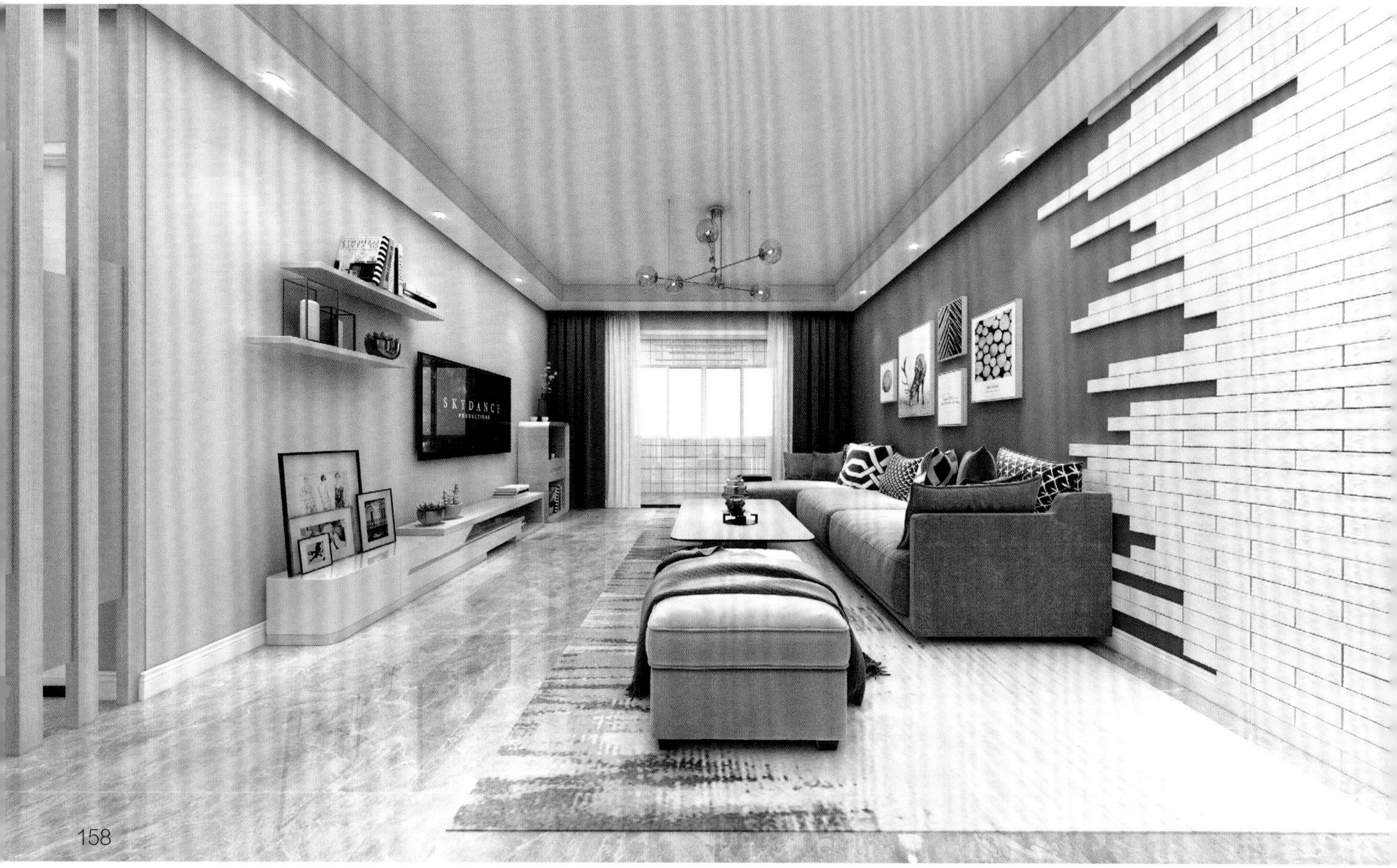

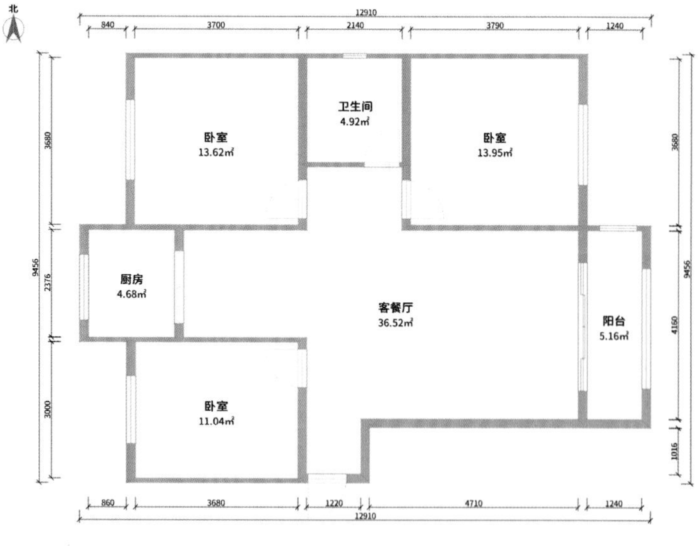

平面图（单位：mm）

159

北
11386
3417
1810
3439
1800
卧室
9.89㎡
卫生间
6.24㎡
厨房
7.53㎡
客餐厅
31.27㎡
主卧
14.36㎡
卧室
10.8㎡
阳台
5.33㎡
3105
4410
591
1330
10536
1815
2383
3419
349
1330
10536
3417
4009
3160
11386

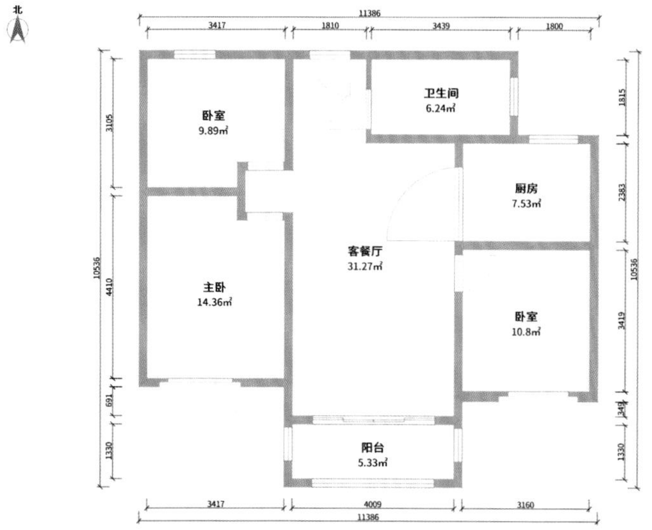

平面图（单位：mm）

159-a

159-b

扫码观看本案例更多空间

YOU ARE MY
Today
AND ALL OF MY
Tomorrow

160

北
12286
3966
2562
4065
587
次卧
11.03㎡
卫生间
5.01㎡
主卧
15.11㎡
厨房
4.01㎡
客餐厅
36.54㎡
阳台
5.95㎡
卫生间
3.58㎡
干区
2.33㎡
次卧
12.02㎡
2305
1498
2190
3568
1395
12286

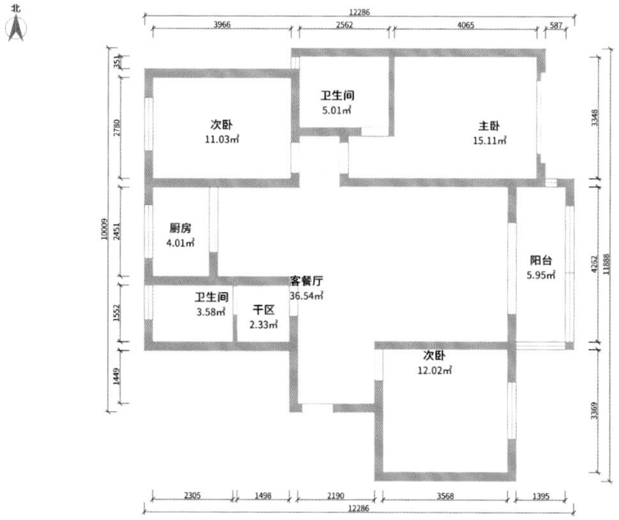

平面图（单位：mm）

160-a

160-b

扫码观看本案例更多空间

TREES

161

北
12679
3248
1274
1956
3362
1639
厨房
7.2㎡
客餐厅
26.31㎡
阳台
6.97㎡
卫生间
3.41㎡
干区
1.99㎡
次卧
16.06㎡
阳台
5.97㎡
主卧
17.02㎡
2216
1773
3604
8393
4251
3819
8070
1656
4722
4205
11383

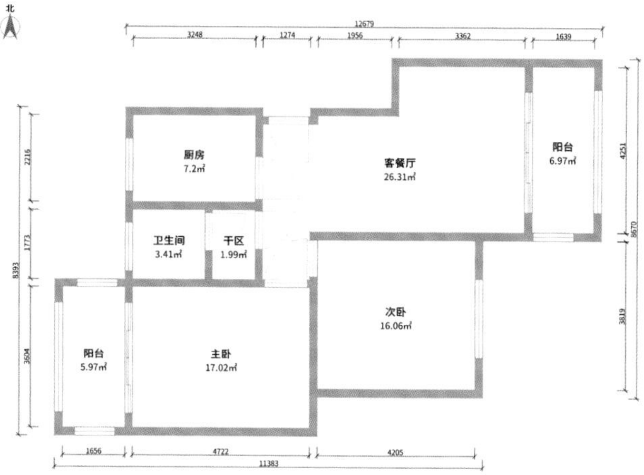

平面图（单位：mm）

161-a

161-b

扫码观看本案例更多空间

162

北
12637
3117
1520
3050
3950
阳台
3.89㎡
阳台
3.71㎡
主卧
20.18㎡
次卧
14.58㎡
卫生间
4.24㎡
客餐厅
64.08㎡
未命名
0㎡
洞
3.16㎡
卫生间
4.01㎡
次卧
9.59㎡
未命名
0.01㎡
厨房
7.9㎡
3655
2962
2950
800
11367
7900
15010
1850
1946
1310
4570
1600
13480
2170
3250
690

一层平面图（单位：mm）

北
7665
3165
3900
6350
车库
48㎡
杂物间
6.89㎡
洞
2176
1004
17800
3150
4000
6650
露台（无顶）
11.8㎡
3165
2950
6715

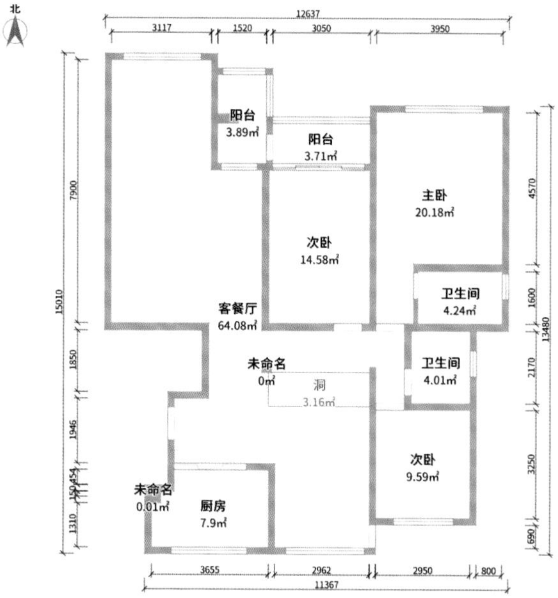

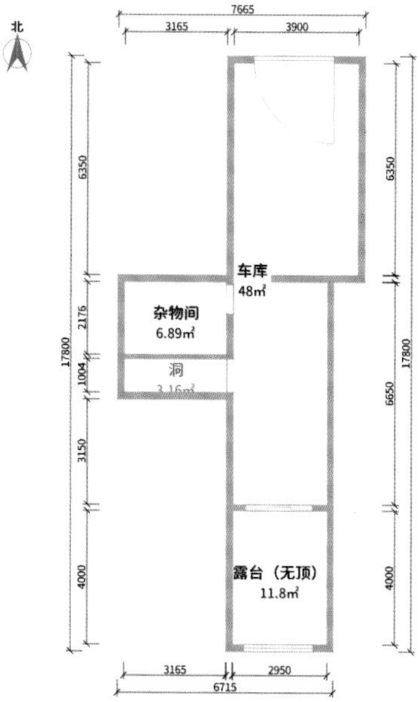

负一层平面图（单位：mm）

162

扫码观看本案例
更多空间

163

163-a

163-b

扫码观看本案例更多空间

北
8813
2768
2557
1523
965
厨房
4.06㎡
次卧
11.05㎡
卫生间
5.71㎡
卫生间
3.19㎡
客餐厅
31.45㎡
主卧
14.9㎡
次卧
12.03㎡
阳台
4.68㎡
4187
1842
12410
4087
1454
3751
1215
714
12410
4237
1454
3314
319
3215
2633
10481

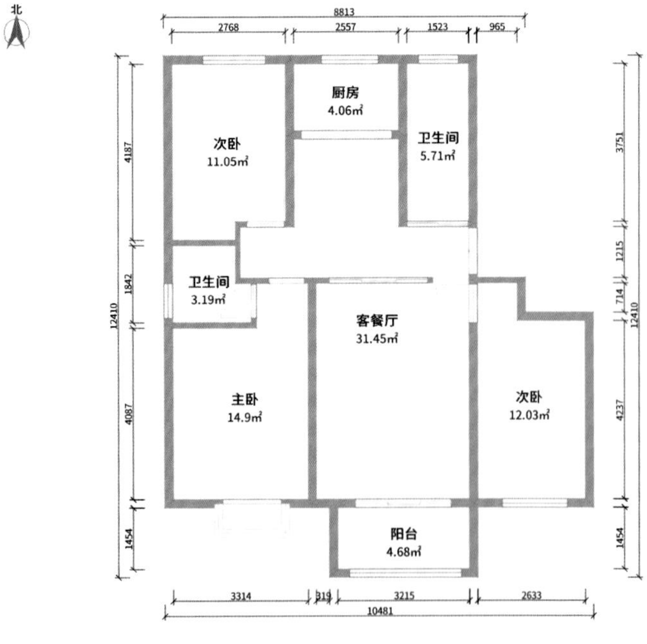

平面图（单位：mm）

164

北
12115
1440
1770
1550
1290
385
3473
597
530
次卧
12.41㎡
卫生间
5.22㎡
阳台
8.24㎡
客餐厅
32.86㎡
厨房
4.42㎡
次卧
9.05㎡
卫生间
3.77㎡
主卧
12.84㎡
1670
480
2935
3260
8945
535
6295
10570
3250
2775
1885
3933
1230
10440

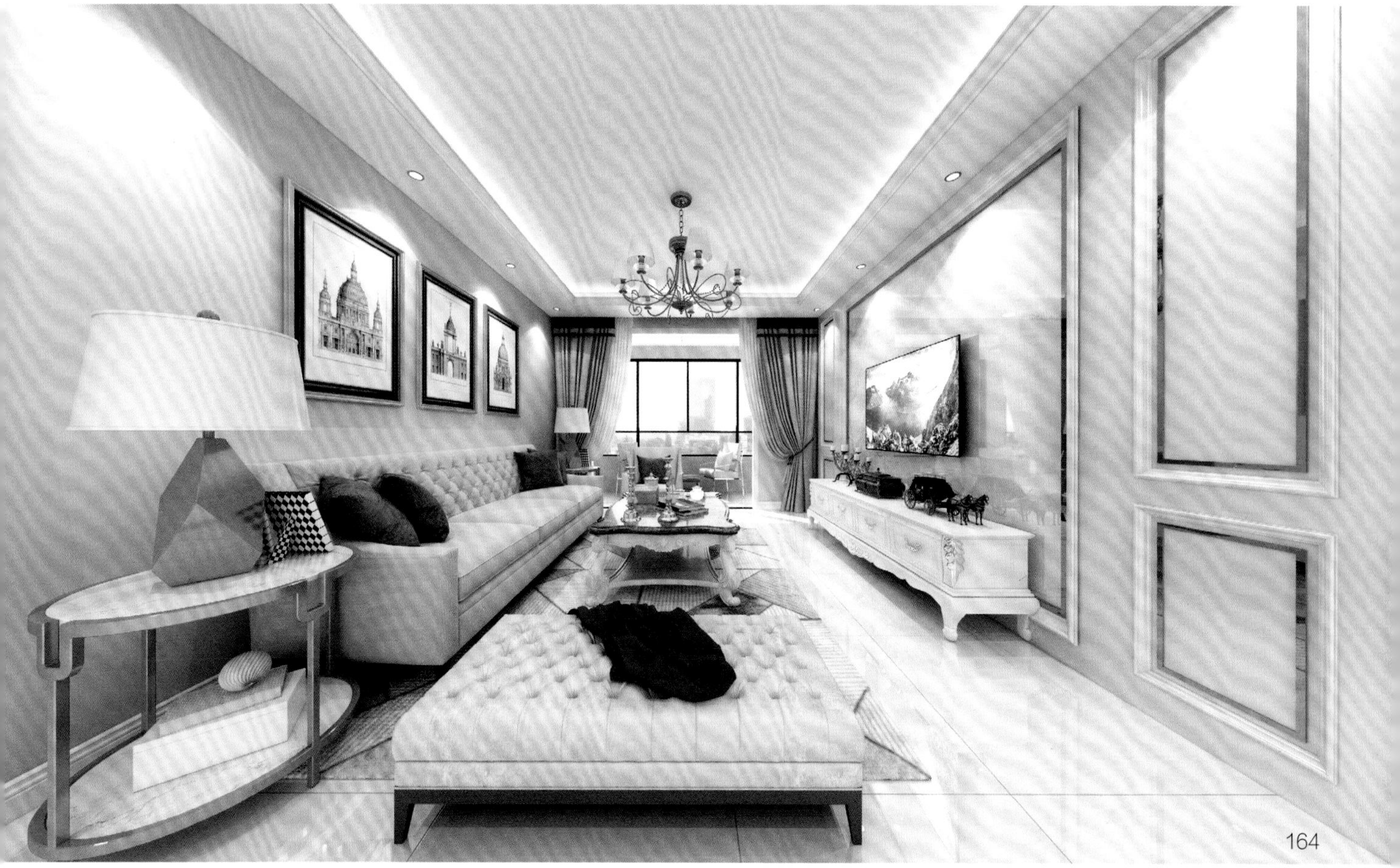

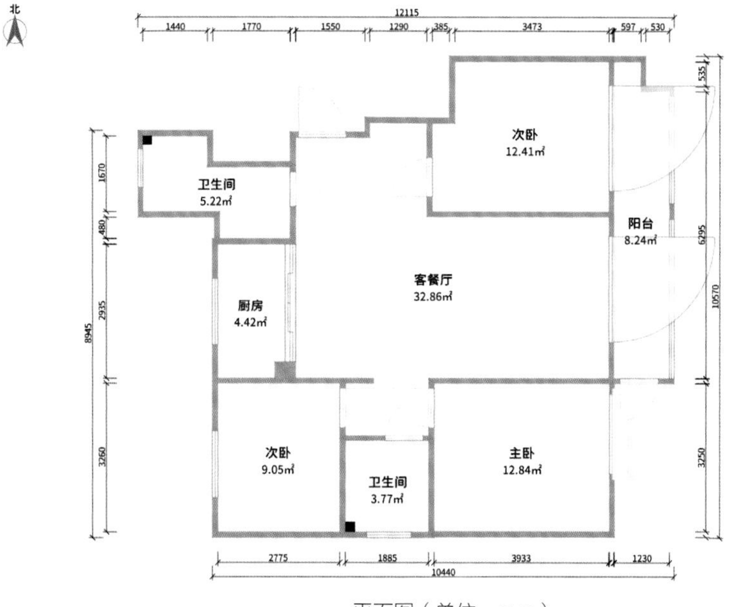

平面图（单位：mm）

164-a

164-b

扫码观看本案例更多空间

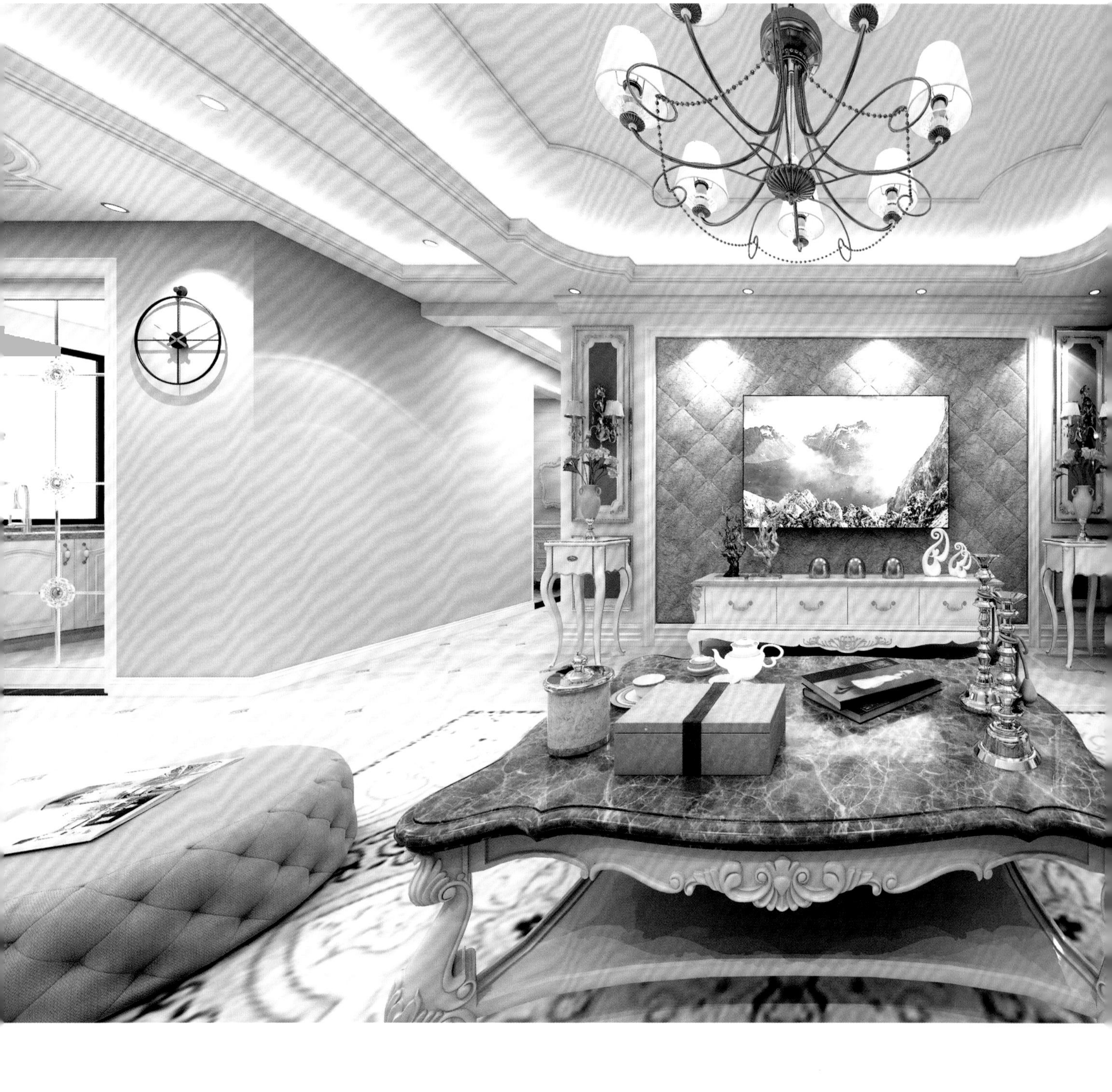

165

165-a

165-b

扫码观看本案例更多空间

北
11008
1436
1561
5522
1489
卫生间
5.08㎡
主卧
17.96㎡
卫生间
3.6㎡
卫生间
1.73㎡
未命名
0.03㎡
次卧
11.66㎡
厨房
5.79㎡
阳台
10.63㎡
客餐厅
41.69㎡
次卧
13.81㎡
3252
1732
1855
3151
1993
1106
14489
3252
7138
3299
14489
2181
2153
4185
1489
11008

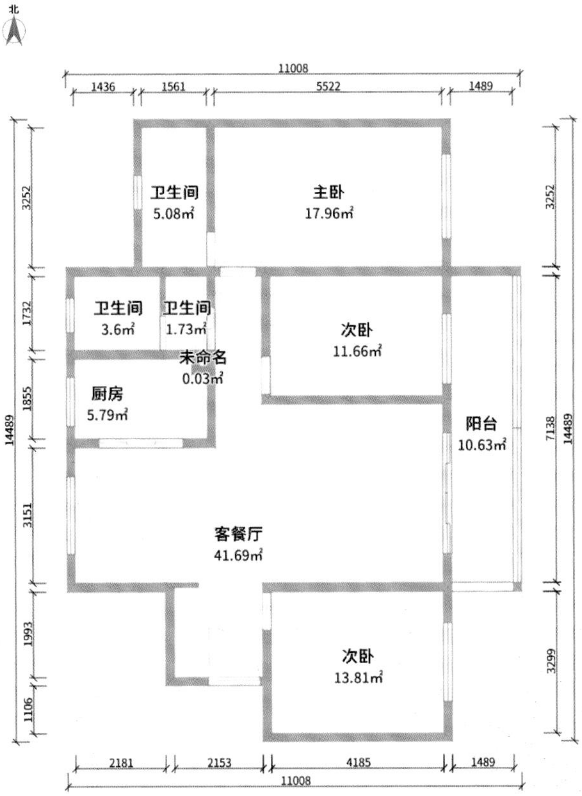

平面图（单位：mm）

SKYDANCE
PRODUCTIONS

166-a

166-b

扫码观看本案例更多空间

166

北
12571
3970
2200
2140
3261
卫生间
3.48㎡
卫生间
3.97㎡
主卧
20.66㎡
次卧
9.69㎡
次卧
14.02㎡
次卧
10.75㎡
阳台
14.88㎡
客餐厅
47.22㎡
厨房
7.11㎡
未命名
0.01㎡
未命名
1.44㎡
2730
5240
1200
2950
1670
15210

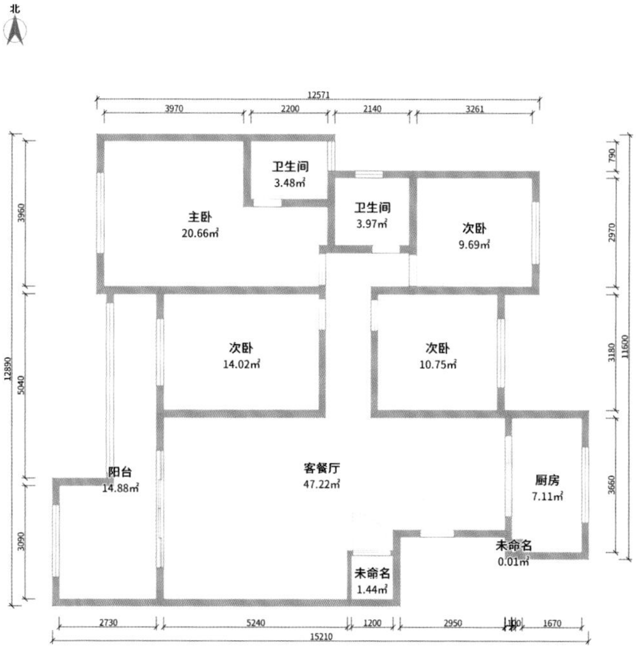

平面图（单位：mm）

167

167-a　167-b

扫码观看本案例更多空间

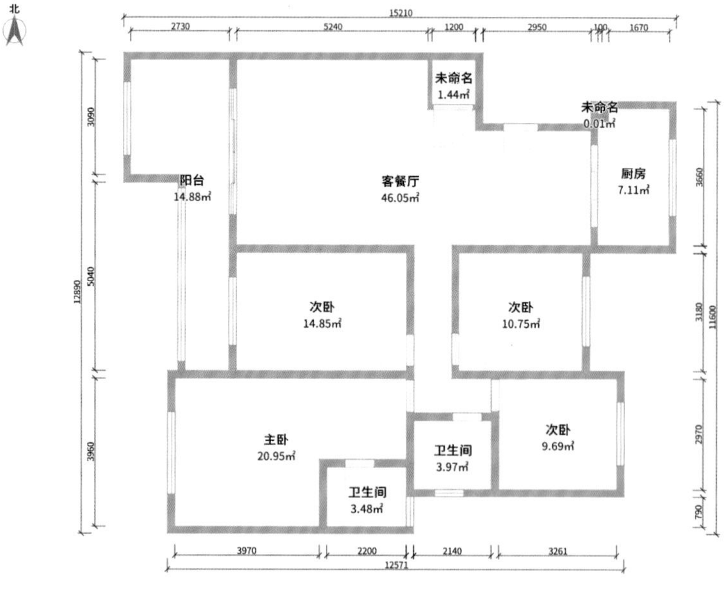

平面图（单位：mm）

168

北
9533
3610
1418
3706
未命名
2.21㎡
次卧
10.07㎡
主卧
10.49㎡
卫生间
2.26㎡
卫生间
2.85㎡
次卧
11.08㎡
厨房
5.66㎡
客餐厅
37.09㎡
未命名
4.52㎡
2790
3070
4205
10865
2830
1423
1527
2873
9493
1075
3650
5176
440
11261

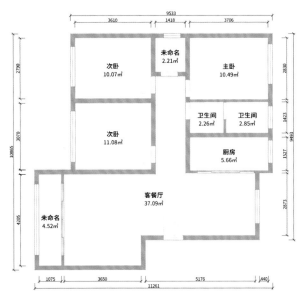

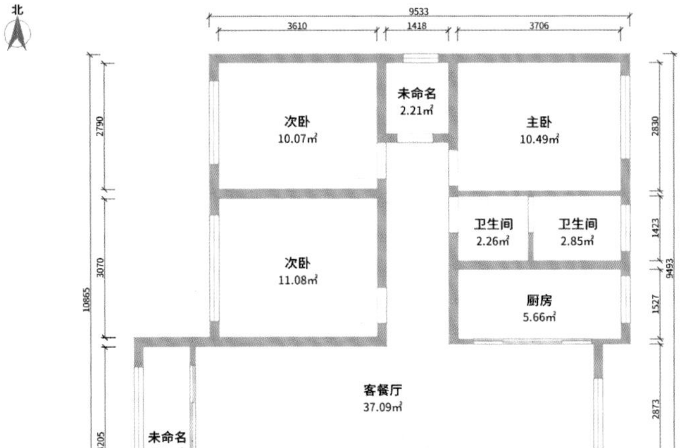

平面图（单位：mm）

168-a

168-b

扫码观看本案例更多空间

SKYDANCE
PRODUCTIONS

169

169-a

169-b

扫码观看本案例更多空间

北
13034
3400
4100
3236
934
阳台
6.15㎡
未命名
0.01㎡
未命名
0.01㎡
厨房
7.12㎡
书房
14.28㎡
客厅
28.29㎡
卫生间
4.9㎡
餐厅
13.97㎡
卫生间
5.48㎡
未命名
1.69㎡
主卧
15.73㎡
儿童房
14.88㎡
阳台
3.81㎡
阳台
5.19㎡
1500
4200
2500
4300
1500
15200
1771
3100
1400
4300
1500
15200
659
2541
3461
2852
11252

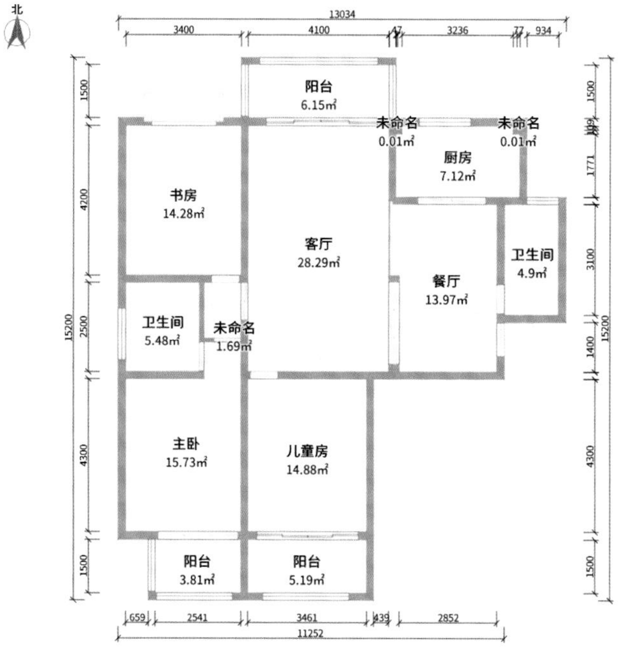

平面图（单位：mm）

170

北
12028
3212
4246
3570
洗衣房
8.29㎡
卧室1
15.68㎡
卧室3
11.61㎡
客餐厅
43.31㎡
卫生间
5.4㎡
自定义
3.71㎡
卫生间
5.11㎡
卧室2
12.08㎡
厨房
6.24㎡
未命名
0.08㎡
2580
3614
14030
1199
1917
3019
4064
2390
10683
3359
1037
378
1517
2501
1519
3596
12028

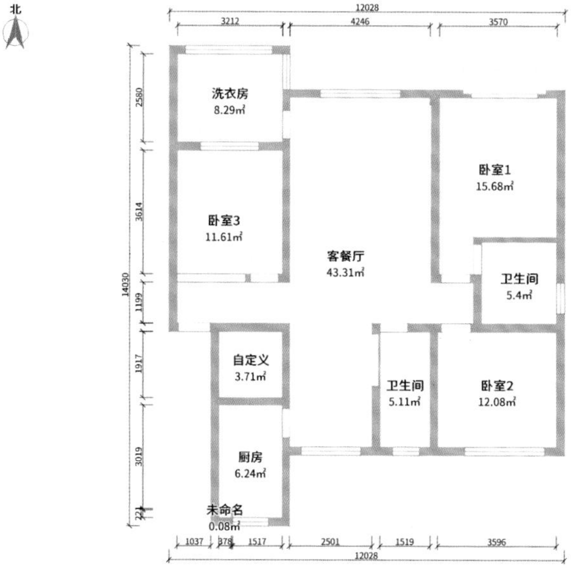

平面图（单位：mm）

170-a

170-b

扫码观看本案例更多空间

171-a

171-b

扫码观看本案例更多空间

北
12529
3976
2191
2292
3070
主卧
18.66㎡
衣帽间
5.54㎡
卫生间
4.19㎡
书房
9.15㎡
次卧
14.86㎡
餐厅
11.48㎡
阳台
10.78㎡
客餐厅
48.34㎡
厨房
7.75㎡
未命名
0.03㎡
未命名
0㎡
1500
6556
2991
1391
14027
3955
5334
2815
12904
2980
3179
3754
10974

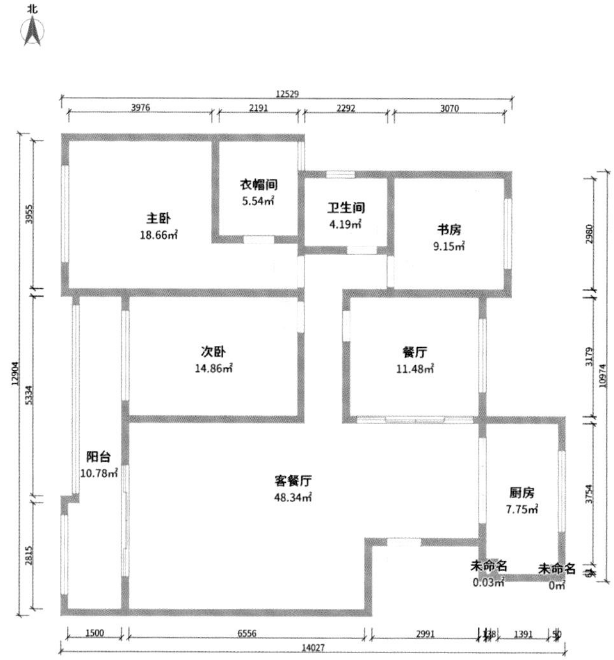

平面图（单位：mm）

172

北
14310
767
4895
1800
4535
1113
卫生间
3.36㎡
主卧
20.85㎡
榻榻米男孩房
14.13㎡
卫生间干区
3.11㎡
卫生间湿区
3.43㎡
阳台
7.29㎡
客餐厅
50.97㎡
门厅
2.82㎡
厨房
6.94㎡
阳台
4.19㎡
女儿房
15.18㎡
未命名
0.09㎡
未命名
0.44㎡
未命名
0.34㎡
3620
4750
2273
744
12197
3325
1730
3060
1840
1042
12197
594
931
4440
500
2610
298
3517
14310

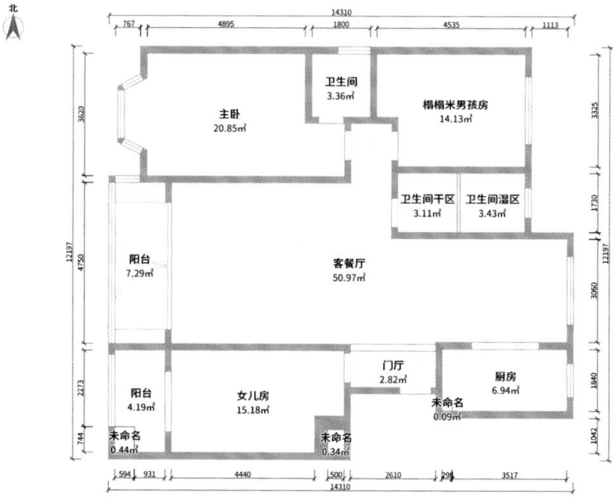

平面图（单位：mm）

172-a

172-b

扫码观看本案例更多空间

SKYDANCE
PRODUCTIONS

173

173-a

173-b

扫码观看本案例更多空间

北

12260
970
3700
4680
1380
300
未命名
0.06㎡
阳台
7.53㎡
厨房
6.52㎡
次卧
12.35㎡
卫生间
4.17㎡
未命名
0.25㎡
卫生间
5.26㎡
步入式衣柜
3.5㎡
客餐厅
38.41㎡
主卧
16.59㎡
次卧
14.79㎡
阳台
9.94㎡
990
3090
2800
3800
1210
13330
2920
537
1520
1830
3400
1230
13330
940
3810
4600
3150
13610

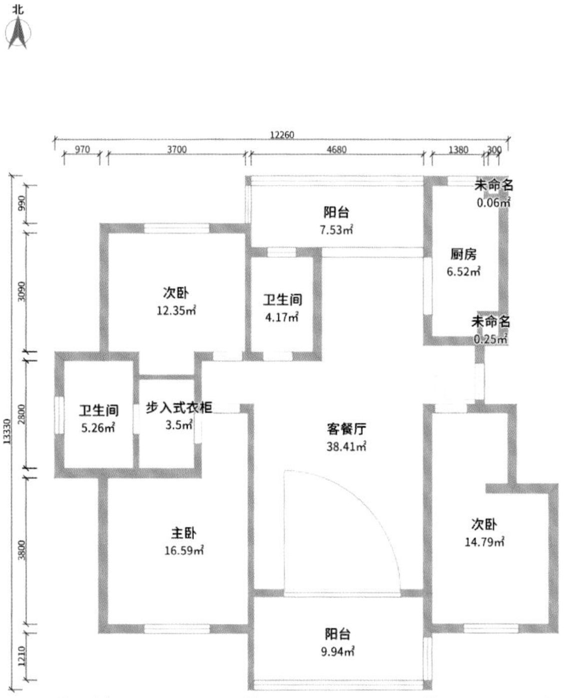

平面图（单位：mm）

174

174

扫码观看本案例更多空间

北
16598
3200
4128
2190
2127
3753
露台（无顶）
11.35㎡
主卧
18.94㎡
卫生间
3.39㎡
卫生间
4.41㎡
次卧
10.73㎡
次卧
9.25㎡
客餐厅
50.34㎡
厨房
6.25㎡
洞
1.94㎡
8870
3547
1648
2875
603
2860
7870
2465
742
8140
1614
1383
987
1921
3753
19198

一层平面图（单位：mm）

北
10195
9795
客餐厅
84.93㎡
8940
5560
2780
6714
8940
414
1012
8000
3190
805
12795

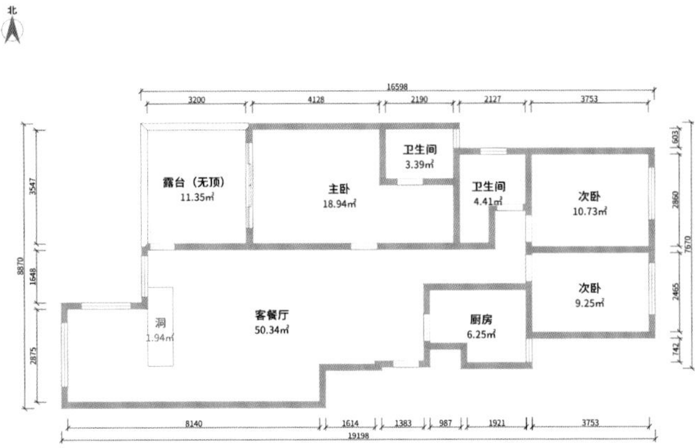

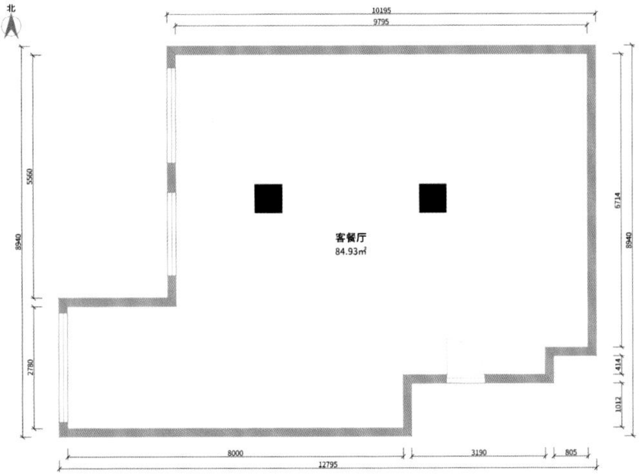

负一层平面图（单位：mm）

175

175

扫码观看本案例更多空间

北
主卧
21.02㎡
卫生间
7.86㎡
次卧
9.67㎡
阳台
2.64㎡
次卧
11.26㎡
客餐厅
63.31㎡
厨房
7.35㎡
未命名
0㎡

一层平面图（单位：mm）

储物间
4.92㎡
卫生间
6.2㎡
露台（无顶）
20.9㎡
主卧
18.25㎡
次卧
10.37㎡
洞
22.8㎡
客餐厅
42.37㎡
阳台
8.97㎡
未命名
0.01㎡
未命名
0.01㎡
洞
3.37㎡
衣帽间
5.22㎡

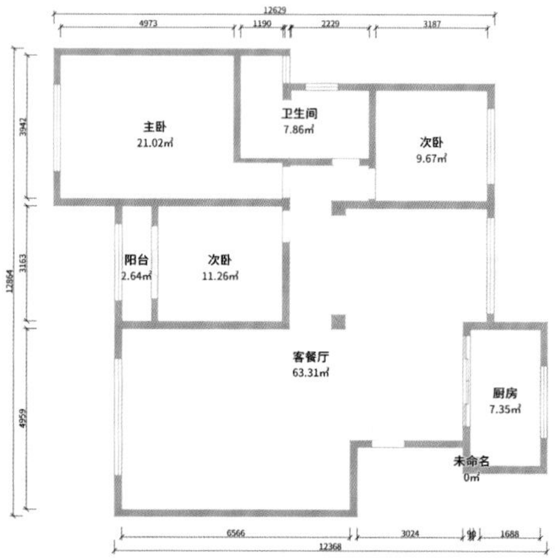

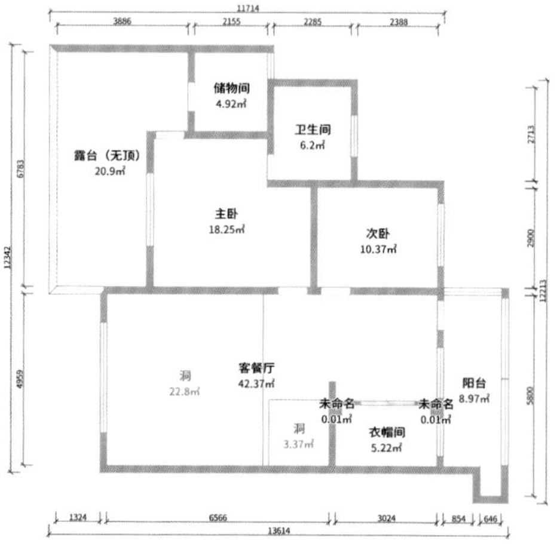

负一层平面图（单位：mm）

SKYDANCE
PRODUCTIONS
176

北
卫生间
3.48㎡
主卧
20.66㎡
卫生间
3.97㎡
次卧
9.69㎡
次卧
14.02㎡
次卧
10.75㎡
阳台
14.88㎡
客餐厅
47.22㎡
厨房
7.11㎡
未命名
0.01㎡
未命名
1.44㎡

一层平面图（单位：mm）

车库
19.56㎡
露台（无顶）
14.83㎡
影音室
47.16㎡
未命名
1.44㎡

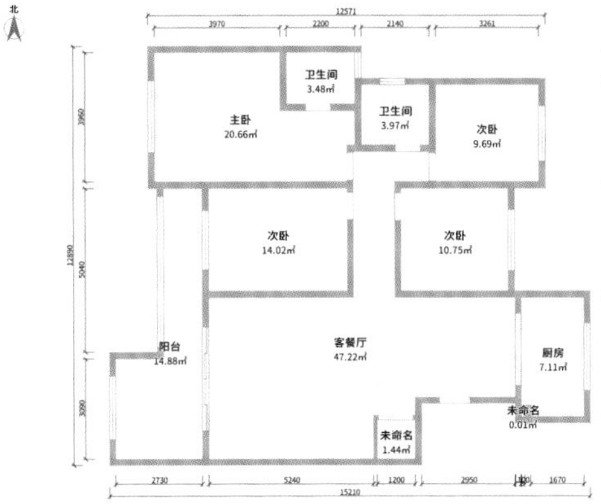

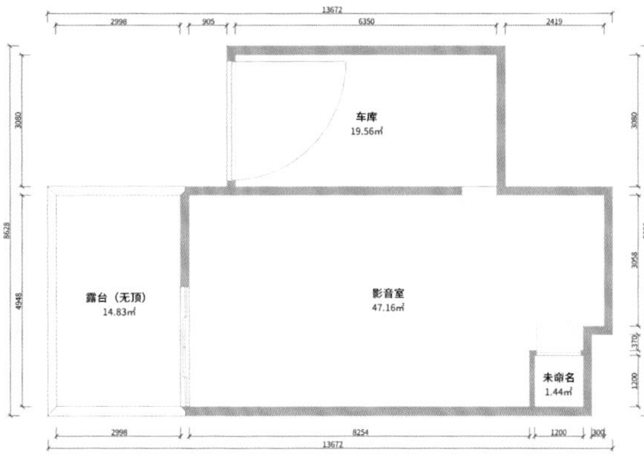

负一层平面图（单位：mm）

176

扫码观看本案例
更多空间

Clear Aquatics

177-a

177-b

扫码观看本案例更多空间

北
15740
5350
1490
2750
2560
1560
卫生间
5.9㎡
卧室
10.84㎡
自定义
10.14㎡
未命名
9.49㎡
未命名
4.08㎡
客餐厅
73.82㎡
卫生间
3.2㎡
卧室
21.32㎡
茶室
16.24㎡
未命名
11.98㎡
3640
1300
2100
13450
5350
5560
12230
5370
3040
5169
3350
3970
16840

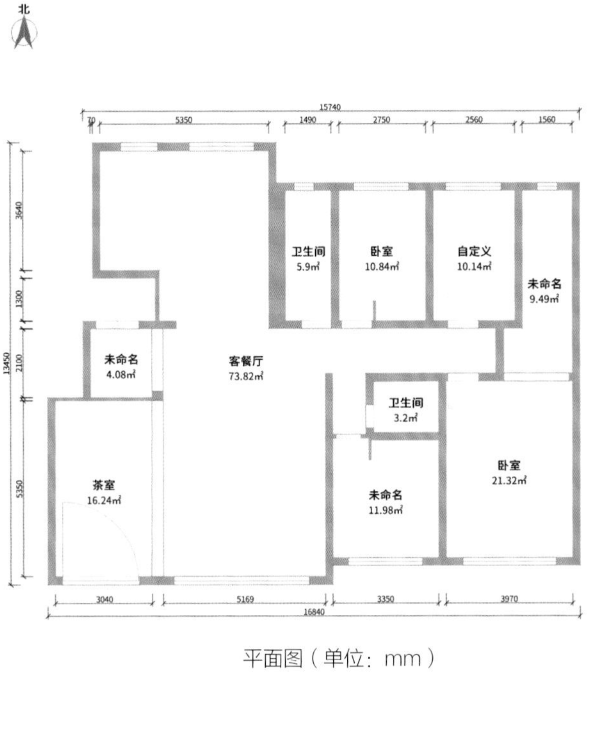

平面图（单位：mm）

SKYDANCE
PRODUCTIONS
78

178-a　178-b

扫码观看本案例更多空间

北
11524
7271
3533
阳台
7.72㎡
次卧
12.3㎡
主卧
16.15㎡
客餐厅
39.81㎡
未命名
0.01㎡
卫生间
1.8㎡
次卧
8.98㎡
卫生间
2.86㎡
未命名
0.01㎡
未命名
0.06㎡
厨房
9.66㎡
未命名
0.01㎡
未命名
0.04㎡
1062
3628
488
1371
14737
3621
1070
269
1676
1102
4947
14737
4020
1070
1517
2748
1175
2443
7763

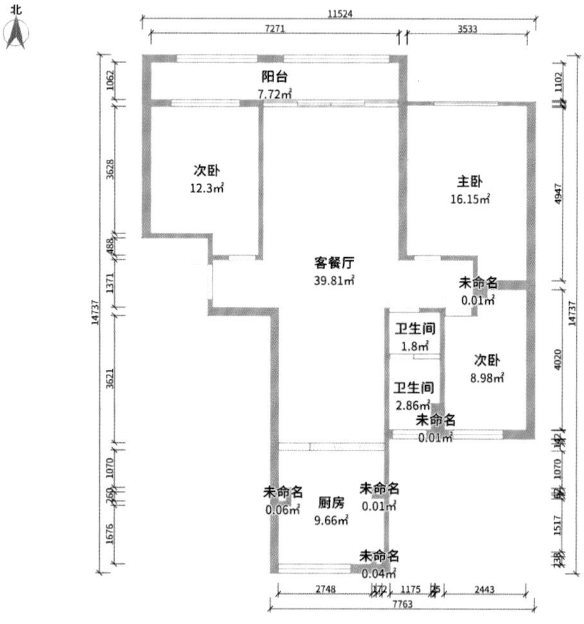

平面图（单位：mm）

STAY
179

北
书房
9.29㎡
卫生间
4.15㎡
未命名
0.13㎡
主卧
19.58㎡
未命名
0.17㎡
厨房
4.11㎡
未命名
0.06㎡
未命名
0.06㎡
客餐厅
34.32㎡
阳台
5.76㎡
生活阳台
3.11㎡
未命名
0.07㎡
次卧
12.34㎡

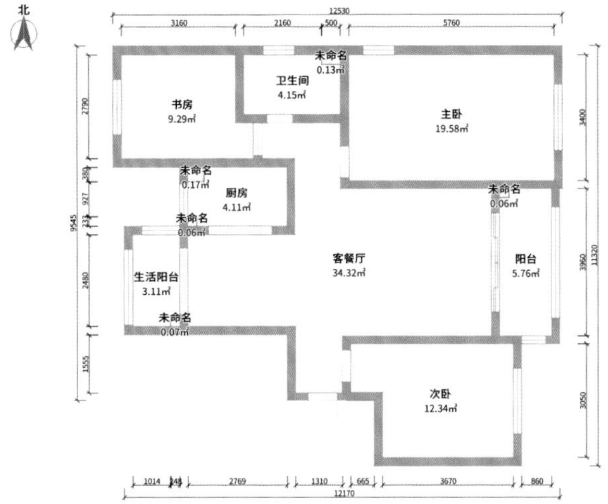

平面图（单位：mm）

179-a

179-b

扫码观看本案例
更多空间

180

180-a

180-b

扫码观看本案例更多空间

北
12870
3680
2160
4100
1760
卫生间
4.44㎡
主卧
14.46㎡
卧室
9.16㎡
未命名
0.04㎡
卫生间
5.74㎡
未命名
0.06㎡
客餐厅
38.91㎡
阳台
8.13㎡
未命名
0.06㎡
厨房
4.62㎡
未命名
0.38㎡
未命名
0.08㎡
次卧
14.34㎡
2147
813
1205
1955
3870
760
12870
9830
11170
3275
4165
2780
560
2490
1331
2370
1260

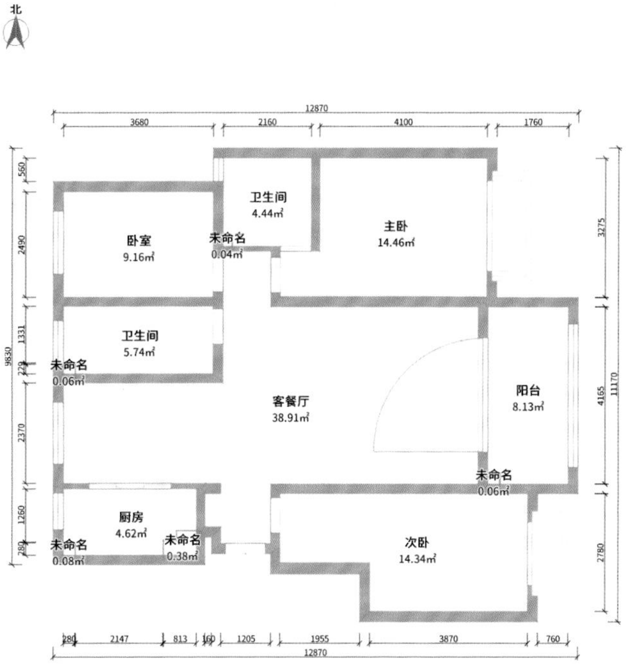

平面图（单位：mm）

181

181-a

181-b

扫码观看本案例更多空间

北
8553
3466
1736
2091
60
1562
4656
11126
4068
3221
1234
1938
12554
3269
1572
阳台
5.41㎡
主卧
16.14㎡
卫生间
3.35㎡
卫生间
2.03㎡
厨房
6.74㎡
客餐厅
26.41㎡
次卧
14.97㎡
阳台
6.7㎡
4263
4623

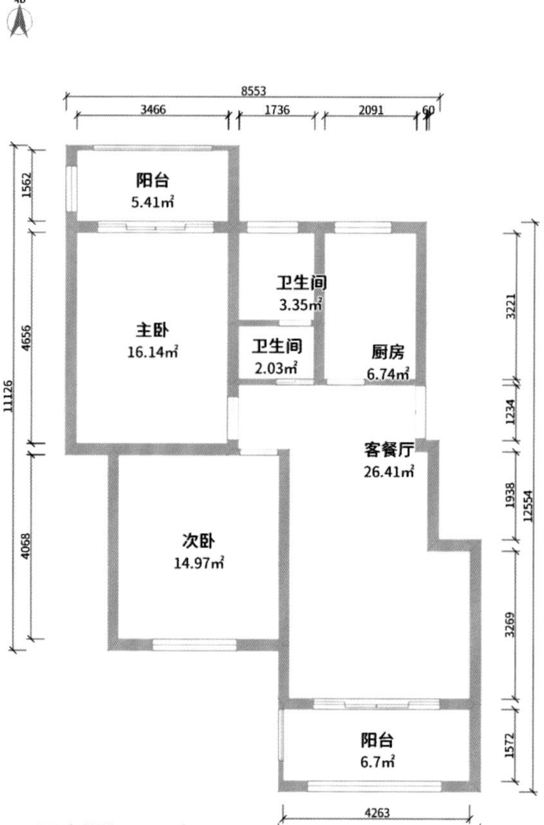

平面图（单位：mm）

SKYDANCE
PRODUCTIONS

182

北
12406
2966
4286
3599
未命名
0.02㎡
主卧
20.18㎡
未命名
0.01㎡
阳台
7.92㎡
次卧
12.6㎡
客餐厅
47.15㎡
未命名
0.01㎡
卫生间
5.41㎡
卫生间
3.74㎡
未命名
0.54㎡
次卧
10.35㎡
未命名
0.01㎡
次卧
8.8㎡
卫生间
3.1㎡
厨房
7.26㎡
792
2760
3300
1800
2357
12209

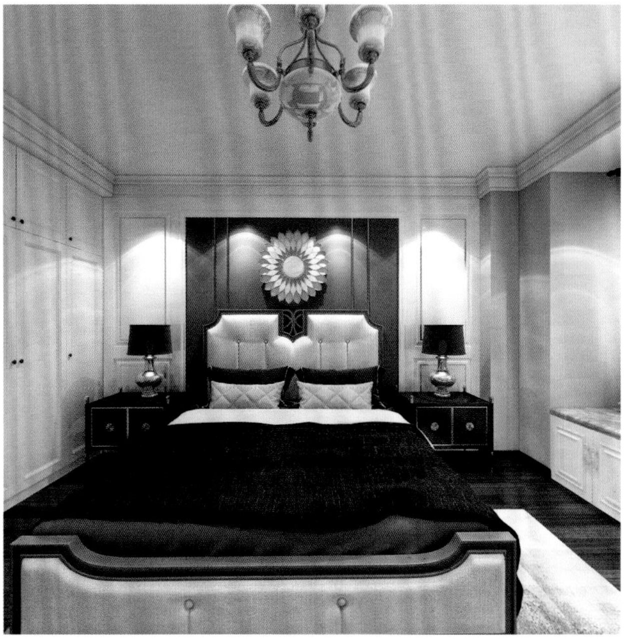

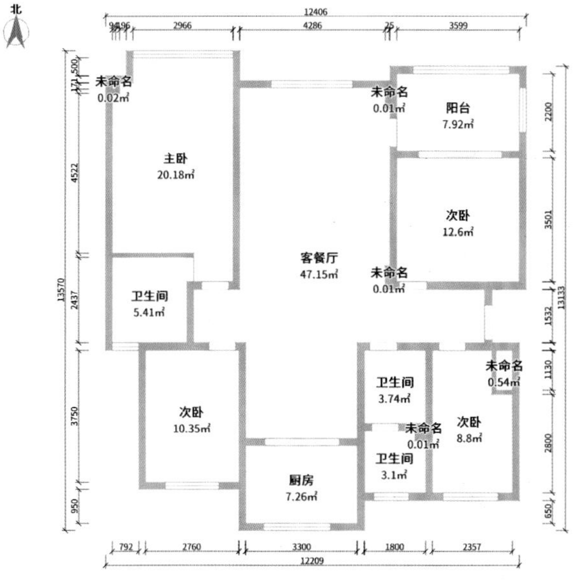

平面图（单位：mm）

182-a

182-b

扫码观看本案例更多空间

SKYDANCE
PRODUCTIONS

183

北
11452
3147
1627
171
2466
2840
未命名
0.04㎡
厨房
4.8㎡
次卧
11.99㎡
卫生间
2.99㎡
次卧
10.42㎡
卫生间
1.99㎡
卫生间
4.96㎡
客餐厅
39.81㎡
主卧
18.07㎡
阳台
6.85㎡
229
3984
2729
4859
12701
401
3492
1725
4304
1679
12701
2564
680
426
3742
8411

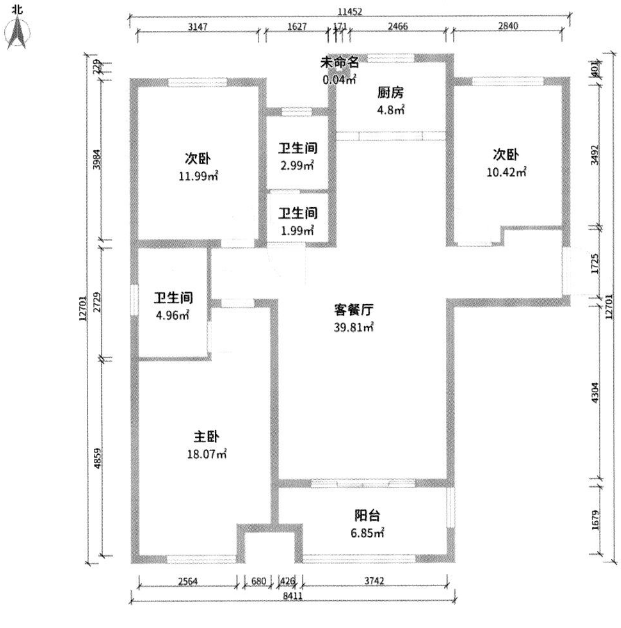

平面图（单位：mm）

183-a

183-b

扫码观看本案例更多空间

SKYDANCE
PRODUCTIONS

184-a

184-b

扫码观看本案例更多空间

184

北
14137
272
1169
3379
2711
3975
1311
卫生间
5.46㎡
次卧
8.73㎡
主卧
14.47㎡
阳台
4.39㎡
未命名
1.89㎡
未命名
0.09㎡
厨房
4.38㎡
餐厅
20.16㎡
客厅
17.44㎡
阳台
1.8㎡
卫生间
6.15㎡
次卧
12.87㎡
未命名
0.09㎡
1781
2550
1674
4053
972
12839

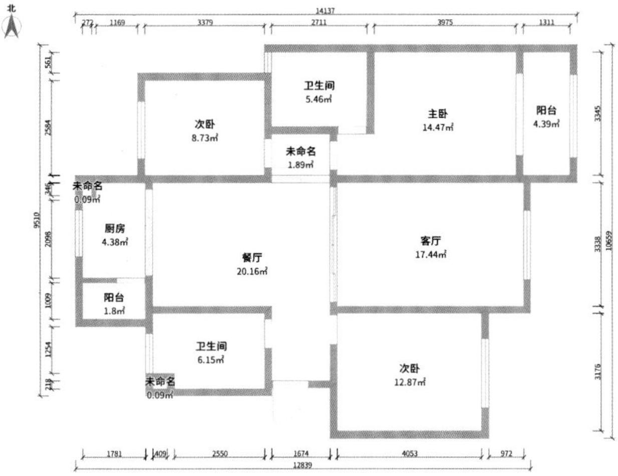

平面图（单位：mm）

北
185

北
9066
1408
748
1491
776
3923
阳台
4.63㎡
主卧
12.8㎡
儿童房
11.65㎡
客餐厅
39.85㎡
书房
4.21㎡
卫生间干区
1.37㎡
书房
5.96㎡
卫生间
1.7㎡
924
3478
11119
2807
1210
1980
1258
10171
11789
3012
1651
3570
8714

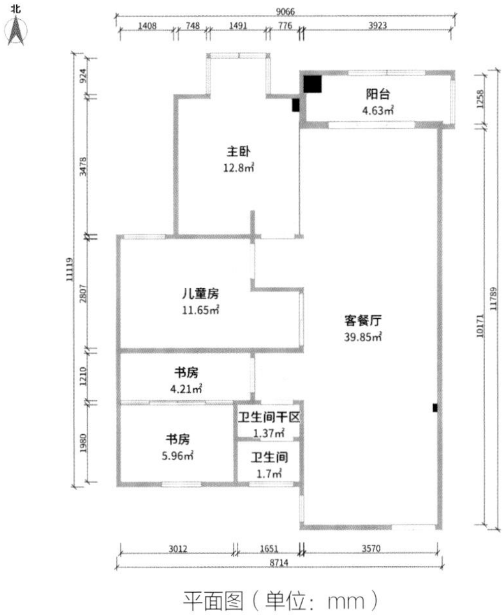

平面图（单位：mm）

185-a

185-b

扫码观看本案例更多空间

工装空间

工装面对的是具有相同目的或共同特性的群体，专业分工较细。在设计上，要坚持“以人为本”的理念，进行工装空间设计与整体规划，前期应充分考量环境景观的设计、动线规划及使用效率管理、网络、照明、噪声处理及搭配等细节。

- ◐ 中式风格
- ◐ 现代风格
- ◐ 轻奢风格
- ◐ 美式风格
- ◐ 工业风格

186

186-a

186-b

扫码观看本案例更多空间

北
16205
4250
2500
1700
6675
女卫生间
7.83㎡
洗手间
4.61㎡
男卫生间
12.66㎡
走廊
12.33㎡
包间
20.39㎡
包间
22.05㎡
包间
21.43㎡
包间
21.5㎡
包间
43.39㎡
包间
17.04㎡
卫生间
3.97㎡
卫生间
3.97㎡
包间
17.07㎡
包间
20.93㎡
包间
21.5㎡
大厅
74.5㎡
包间
20.89㎡
办公室
17.81㎡
卫生间
3.97㎡
0.06㎡
0.02㎡
1842
1842
3210
3130
3130
3135
3130
3243
3243
28184
3055
3210
6500
3135
3130
4045
2440
28184
6870
3137
2799
1900
16205

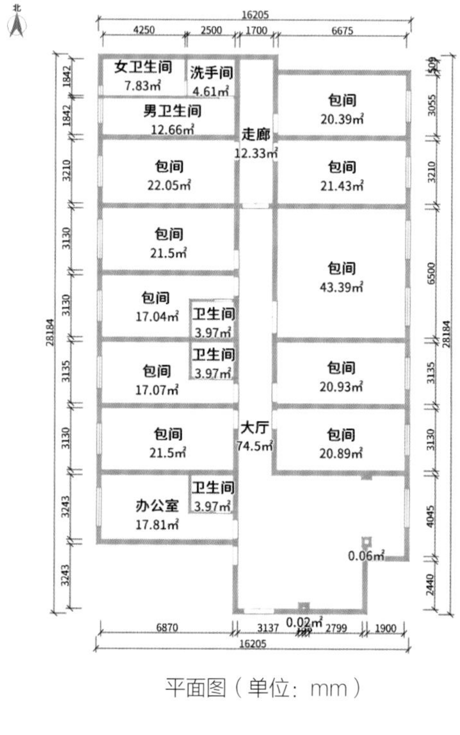

平面图（单位：mm）

187

北

12720
12320
办公室
45.7㎡
4850
3350
840
3820
4260
3840
12720

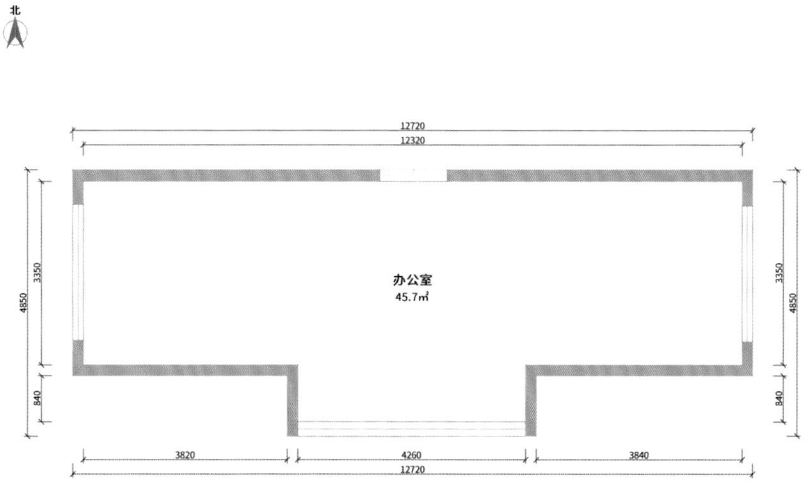

平面图（单位：mm）

187-a

187-b

扫码观看本案例更多空间

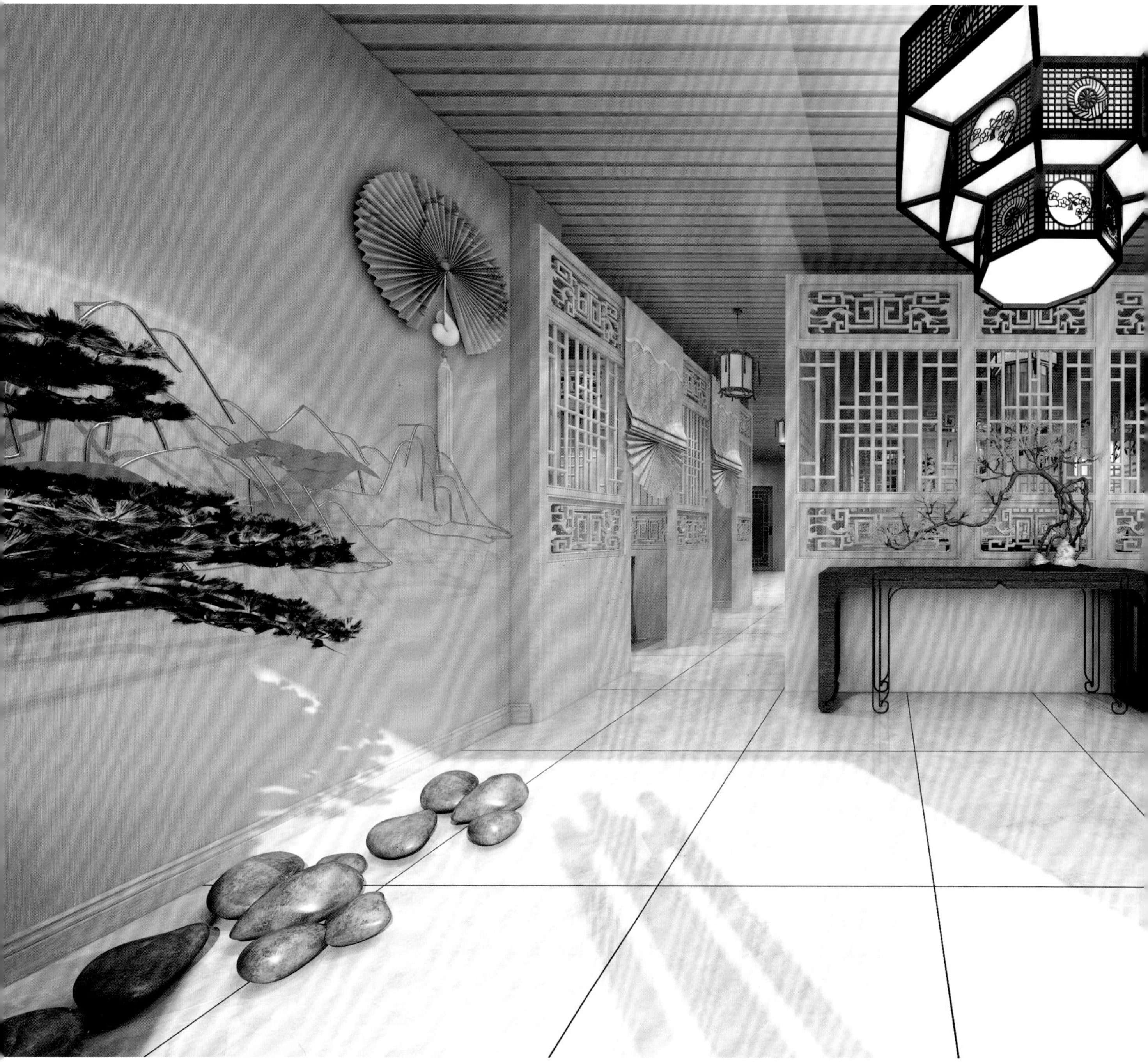

收银台
188

农家铁锅炖

北
11470
1220
5290
4000
自定义
2.58㎡
客餐厅
15.7㎡
餐厅
95.19㎡
客餐厅
1.62㎡
未命名
2.07㎡
卫生间
2.39㎡
卧室
13.04㎡
包间
15.74㎡
2116
740
5450
4366
3634
1049
18876
6337
5552
868
4920
18873
1640
2680
3200
1350
9950

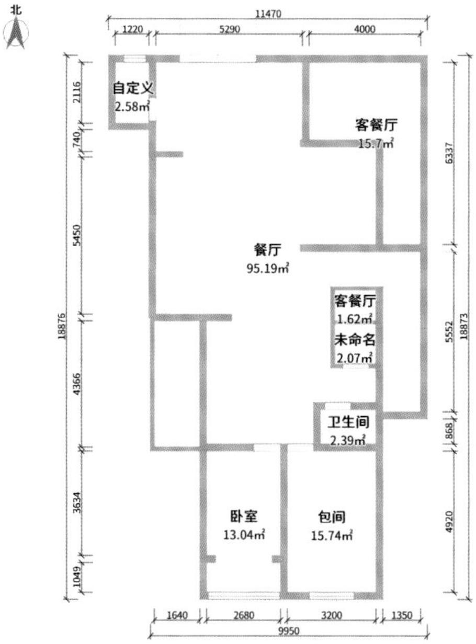

平面图（单位：mm）

188-a

188-b

扫码观看本案例更多空间

189

189-a

189-b

扫码观看本案例更多空间

北
11400
820
5050
4335
235
未命名
0.01㎡
5946
11276
售楼大厅
92.82㎡
未命名
0.1㎡
2731
1140
3576
8110
3793
自定义
8.52㎡
卫生间
1.85㎡
未命名
0.04㎡
未命名
0.01㎡
卫生间
2.62㎡
自定义
1.82㎡
自定义
1.37㎡
自定义
2.46㎡
2380
1194
2300
1600
1200
2160
12840

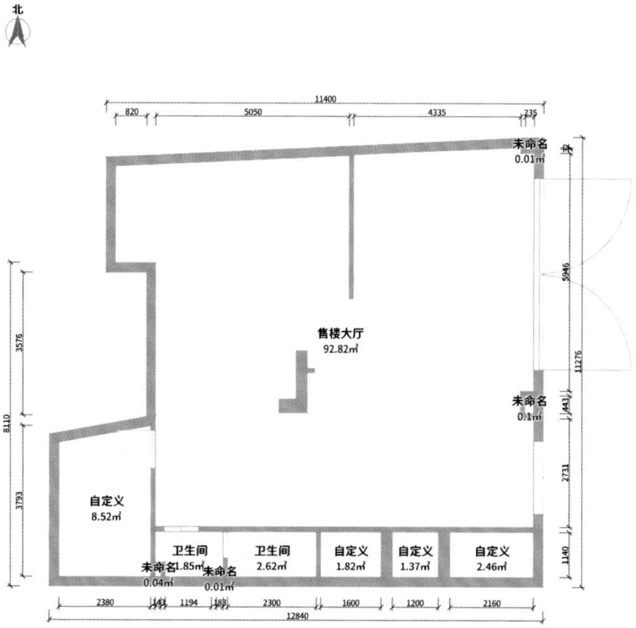

平面图（单位：mm）

MUVASSI

190

190-a

190-b

扫码观看本案例更多空间

北
10498
292
7794
1812
试衣间
2.39㎡
试衣间
1.81㎡
试衣间
1.81㎡
储物间
7.31㎡
未命名
0.07㎡
展示厅
104.77㎡
未命名
3.3㎡
未命名
3.96㎡
1318
1000
1000
8968
4033
657
1017
657
5018
3845
6027
15610

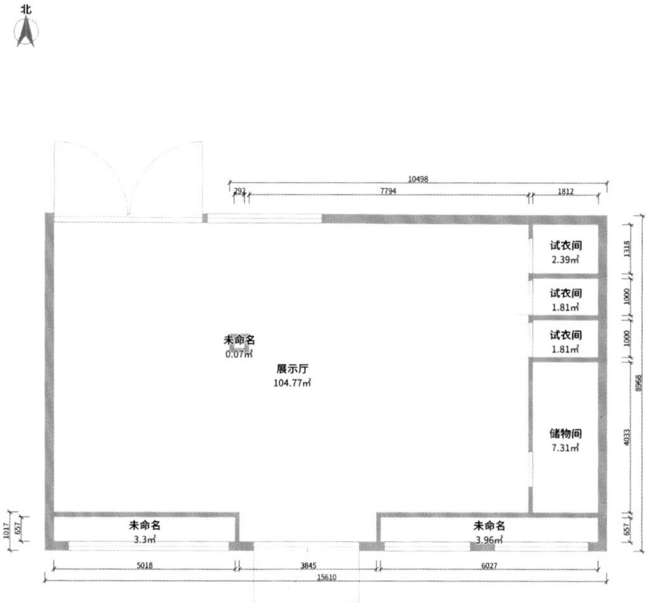

平面图（单位：mm）

191

191-a
191-b

扫码观看本案例更多空间

北

37437
11985
10000
1600
1158
10164
未命名
1.83㎡
未命名
3.17㎡
未命名
2.05㎡
未命名
2.09㎡
书吧酒吧简餐
394.17㎡
32270
1280
2221
37437

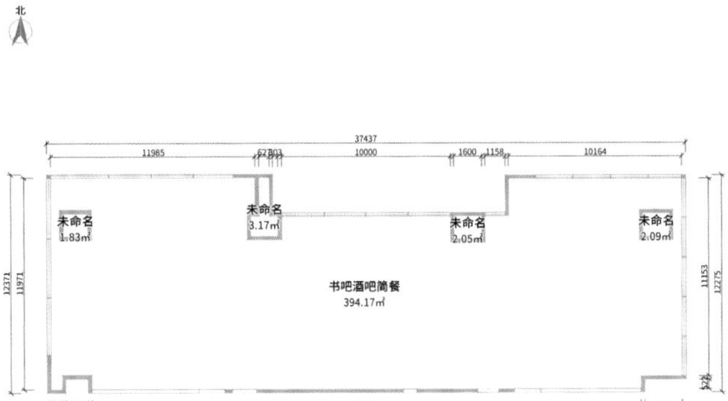

平面图（单位：mm）

iMac
192

192-a
192-b

扫码观看本案例更多空间

北
15600
7500
7500
员工办公区
56.25㎡
老总办公室
42.75㎡
走廊
12㎡
7900
7500
5700
1600
7500
7500
15600

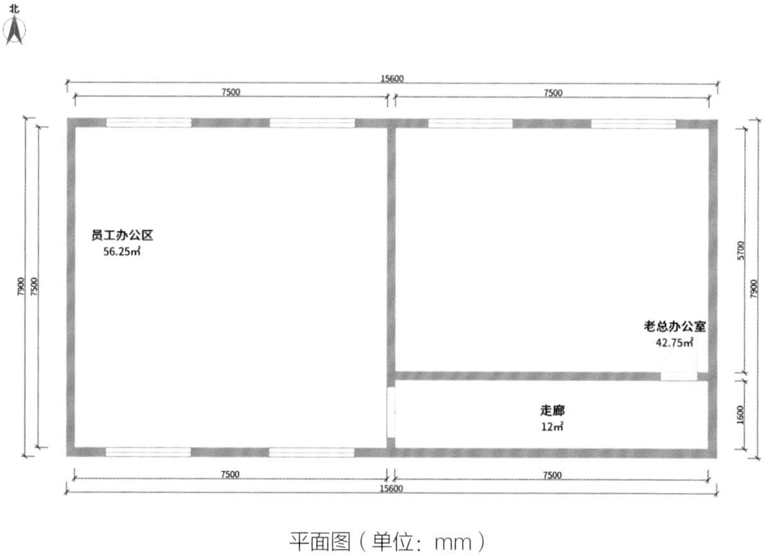

平面图（单位：mm）

餐厅
厨房
卫生间
会客厅
储物间
楼梯
档案室
办公室
电梯
大堂
门厅

一层平面图（单位：mm）

总经理室
卧室
卫生间
财务室
技术室
楼梯
副总经理室
电梯
大堂

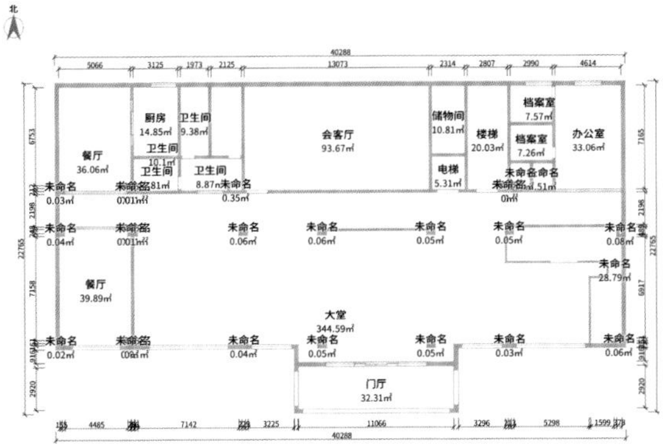

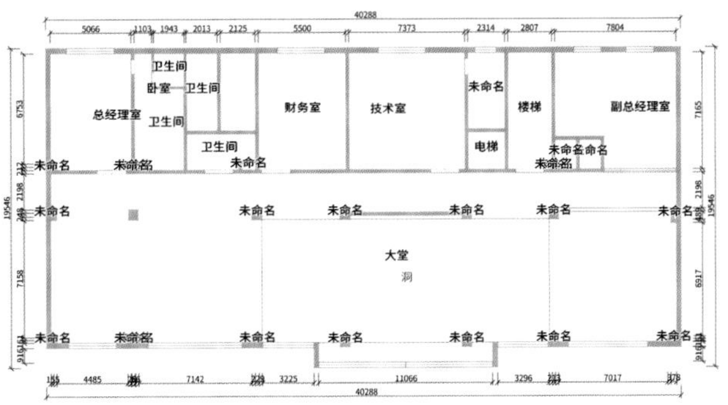

二层平面图（单位：mm）

193

扫码观看本案例
更多空间

194

194-a

194-b

扫码观看本案例更多空间

北
10176
9776
4820
4780
未命名
0.16㎡
未命名
0.04㎡
2654
会议室
162.49㎡
未命名
0.04㎡
17244
7250
7200
未命名
0.16㎡
2554
未命名
0.16㎡
未命名
0.16㎡
8576
10176

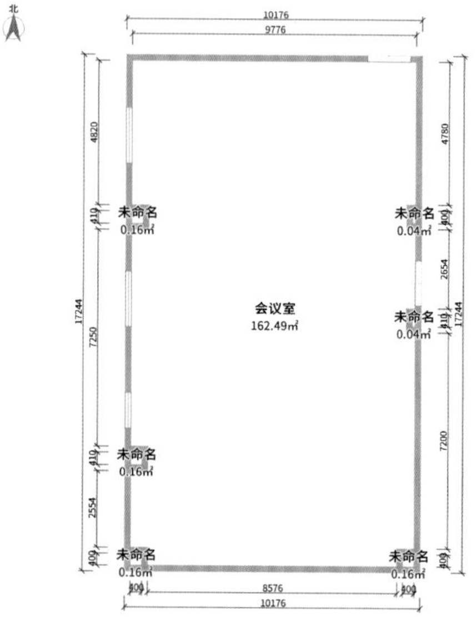

平面图（单位：mm）

KBNE
195

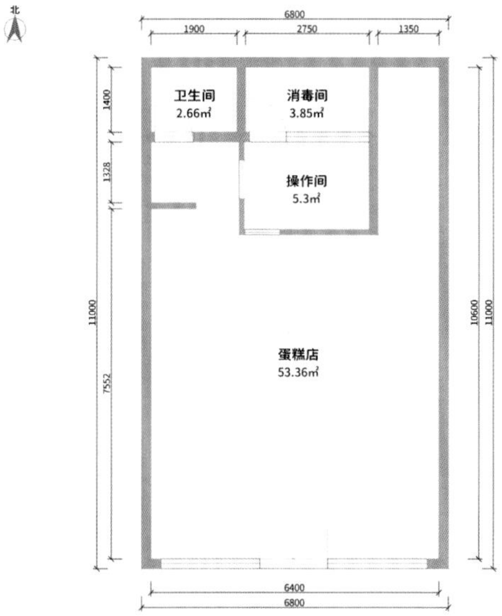
北
6800
1900
2750
1350
卫生间
2.66㎡
消毒间
3.85㎡
操作间
5.3㎡
蛋糕店
53.36㎡
1400
1328
7552
11000
10600
6400
6800
6800
6400
洞
6.97㎡
操作间
9.99㎡
蛋糕店
50.24㎡
仓库
5.89㎡
1350
3698
2182
3010

一层平面图（单位：mm）　　二层平面图（单位：mm）

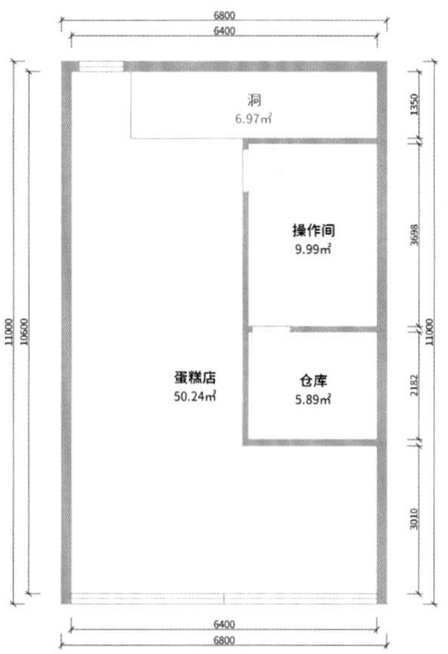

195

扫码观看本案例更多空间

196

196-a　　196-b

扫码观看本案例更多空间

北
10600
10200
7850
6049
1301
未命名
69.78㎡
未命名
5.64㎡
7450
7850
4333
5767
10600

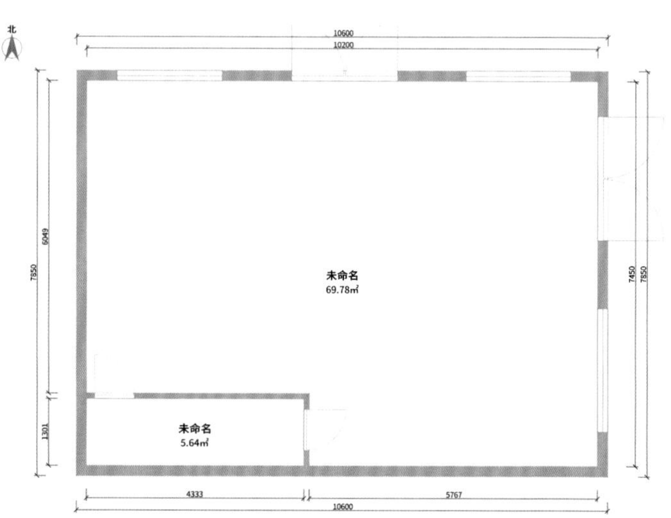

平面图（单位：mm）

KUGER
197

197-a

197-b

扫码观看本案例更多空间

北
4520
4040
4820
130
11190
未命名
0㎡
润百家皮肤管理
43.12㎡
10710
11190
5280
4040
4520

平面图（单位：mm）

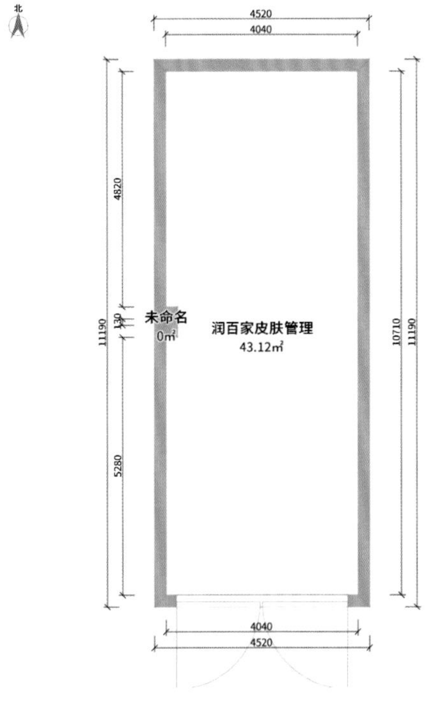

荷木
198

198-a

198-b

扫码观看本案例更多空间

北
5680
4000
1080
客餐厅
1.27㎡
服装展示
14.04㎡
门厅
18.72㎡
3000
1180
1700
7320
3600
5200

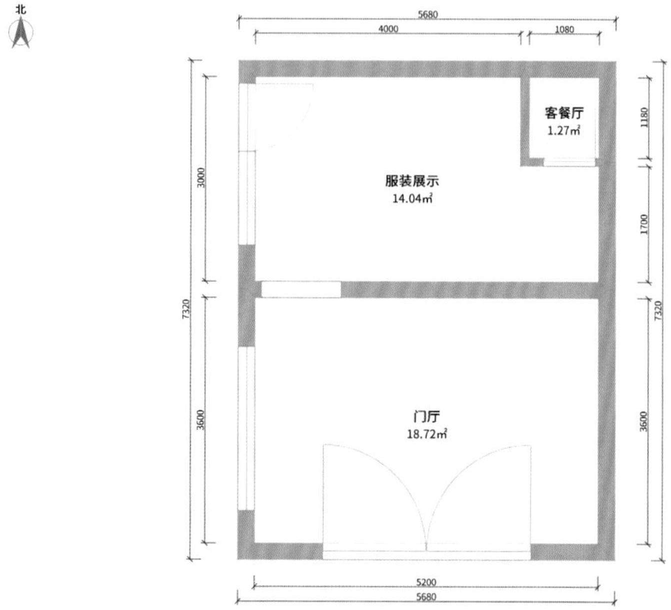

平面图（单位：mm）

199

北
15888
6106
50
8717
1785
6183
未命名
0.01㎡
未命名
0㎡
大厅
188.01㎡
22330
3250
9138
2000
厨房
13.17㎡
8388
2918
未命名
5㎡
未命名
7.87㎡
4769
4671
1715
6932
1650
15888

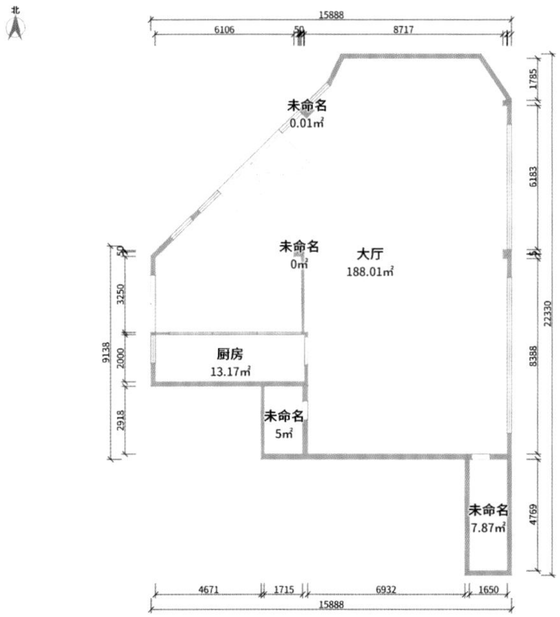

平面图（单位：mm）

199-a

199-b

扫码观看本案例更多空间

GK
Global
GK Karaoke

200-a

200-b

扫码观看本案例更多空间

200

北
14745
2505
1380
3180
3183
3418
厨房
2.11㎡
卫生间
7.8㎡
卫生间
7.81㎡
阳台
8.38㎡
未命名
1.1㎡
未命名
7.76㎡
未命名
11.31㎡
未命名
0.12㎡
未命名
0㎡
未命名
0㎡
洞
12.35㎡
大厅
114.35㎡
1532
800
1952
7840
13085
2452
3787
6125
13085
2395
4155
2855
3310
14745

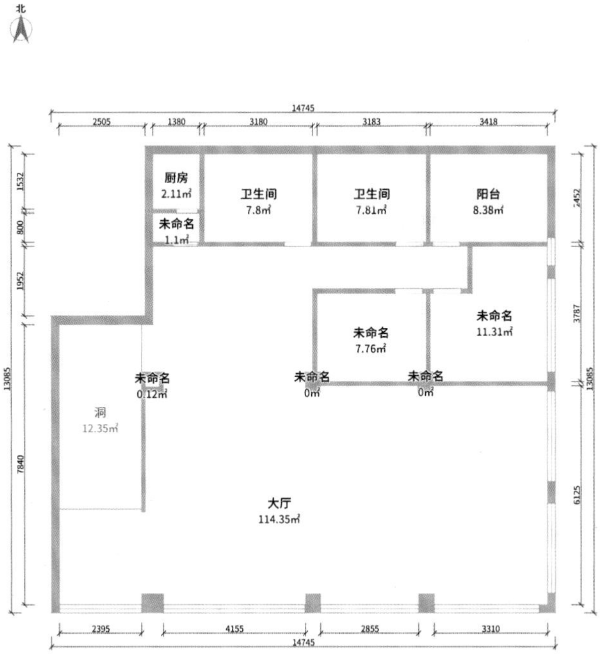

平面图（单位：mm）

作 者 简 介

创艺设计

创艺设计是由几位年轻设计师成立的工作室，专业提供 3D 室内设计全屋漫游效果图，设计作品涵盖商业住宅、豪宅别墅、房地产样板房、售楼部、娱乐会所、办公场所等领域。

主创设计师微信

王琪　　叶喆　　白立壮

添加客服可下载本书全部模型文件

凤凰书童